My Hair Style 7 Contents

71 171

Children Style
p172
Wedding
&
Semi Up Style
p180

My Hair Style 7

New Special Catalogue All Style 419

My Hair Style 7

Women's

풀뱅 & 시그니쳐 보브

Short Style

엣지 있는 풀뱅과 텍스쳐가 있는 원렝스보브를 디자인.

단조롭지만 결코 같지않는 손질이 쉽고 엣지 있는

시그니쳐 보브의 컷팅라인

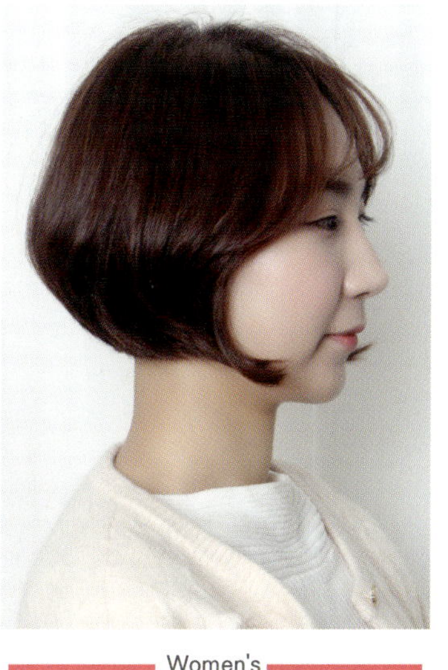

Women's
보브단발 스타일
Short Style

무거운 단발스타일에서 벗어나 뒷쪽에는 층이 있어 볼륨감을 살려주고 앞모습에는 단발 느낌으로 커트해주어 귀여움과 여성스러움이 동시에 표현된 스타일이다.
밀크초코브라운 컬러를 넣어주므로써 여성스럽고 고급스러운 이미지를 더해줍니다.
볼륨펌이나 볼륨매직과 더하면 스타일 손질이 쉽다.

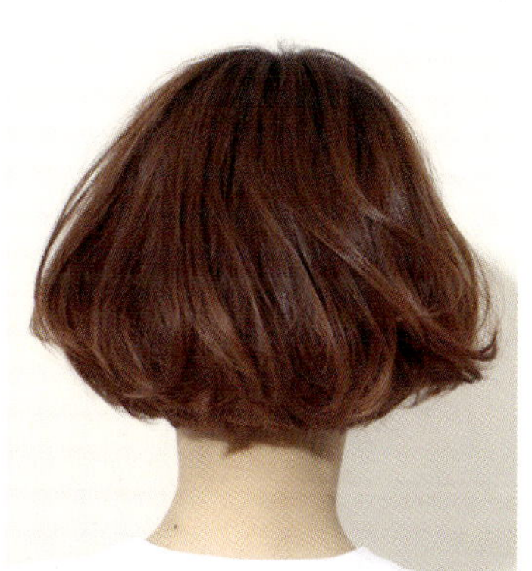

Women's
쇼트 풀뱅 보브스타일
Short Style

깔끔하면서도 자연스러운 보브스타일에 트랜드 리더분들의 인기헤어스타일인 쇼트뱅앞머리를 만들어주어 포인트를 주었다.
오렌지 브라운의 컬러를 넣어주므로 발랄하고 상큼한 이미지를 더해주었다.

Women's

펄라임 그레쥬 숏컷

Short Style

여자들의 로망인 숏컷.
숏컷은 보이쉬한 이미지가 강하지만 펄라임 그레주의 컬러를 더하여 여성스러움을 더해주었다.
앞머리는 시스루뱅 느낌으로도 연출이 가능하고,
가르마느낌으로도 가능해 귀에도 꼽고 다닐수있는 스타일

Women's

단발 볼륨매직

Short Style

곱슬기에 숱이 많고 단발을 하면 과한 볼륨감이 되는 형태를 단정하고 손질이 편할수 있게 도움을 주는 단발 볼륨매직 스타일.
매직을 하여 깔끔하고 단아하지만 귀여운 이미지를 줄 수 있는 스타일입니다.

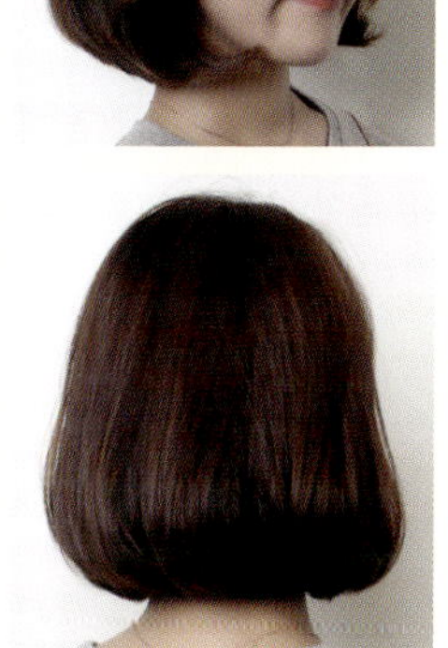

Women's

단발 C컬펌

Short Style

단발머리에 굵은 C컬펌을 해준 스타일로 손질한듯 안한듯 자연스러운 볼륨C컬이 밋밋한 일자 단발의 스타일을 더 세련되게 만들어준다.강한 C컬로 부한 형태가 되기 일수였다면 묵직하지 않은 굵은 C펌으로 드라이 한듯한 여성미 넘치는 스타일을 추천.

Women's

스페셜 하프컬러

Short Style

앞, 뒤로 나눠진 스페셜한 하프컬러디자인으로 리얼리티브가 느껴지는 개성 넘치는 컬러. 개성을 추구하는 헤어스타일이라 본인에게 어울리는 헤어컬러로 체인지 가능한 스페셜한 하프컬러.

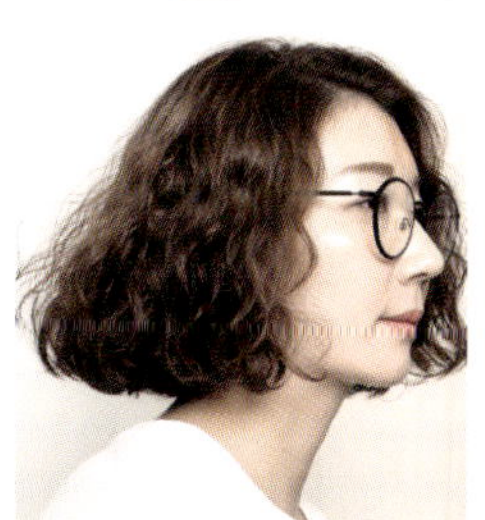
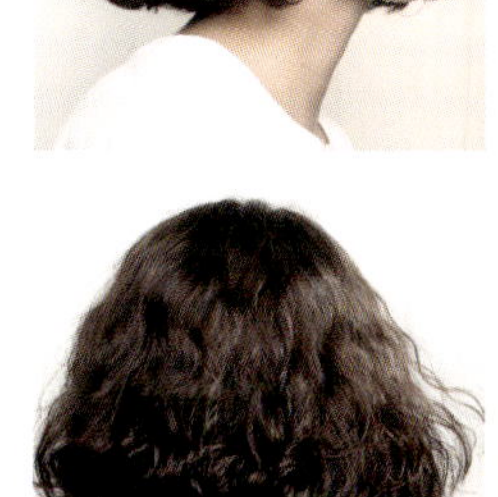

Women's

발롱펌 스타일

Short Style

보브스타일의 탄력 있는 웨이브컬로 활동적이면서도 자유로운 여성의 이미지를 연출. 귀여운 포니테일스타일로 연출하여도 좋다.

Women's

시그니쳐 보브컷

Short Style

무거움 속에서도 어딘가 다른 심플함이 느껴지는 보브디자인 컷. 페이스라인 스타일이 엣지 포인트. 있는 그대로의 편안한 보브 스타일 완성.

Women's

그레이스 베이지

Short Style

그레이스컬러는 노란피부톤을 보정하고자 보라빛이 살짝 가미된 애쉬브라운 느낌의 컬러.

투명감이 있기 때문에 얼굴톤을 화사하게 만들어주고 생기있는 이미지를 만들어준다.

색감이 빠져도 브라운 컬러를 오래 유지할 수 있는 장점이 있다.

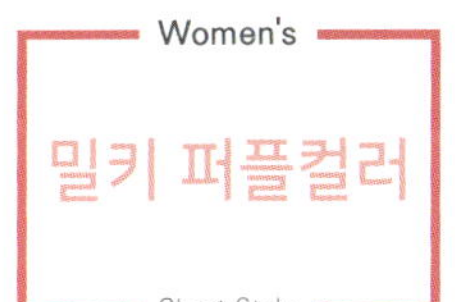

Women's

헬시 시나몬 컬러

Short Style

매트한 베이지톤의 브라운 컬러지만, 동양인에게 부족한 투명감을 주어 서양인과 같은 건강하고 윤기 있는 내추럴함이 돋보이는 이미지를 연출해 줍니다.

Women's

밀키 퍼플컬러

Short Style

애쉬퍼플과 베이지가 믹스된 컬러. 탈색으로 인한 노란색감을 잡아주고 부드럽게 표현되는 컬러. 단발의 심플한 디자인도 애쉬퍼플컬러로 개성있게 표현. 주위의 시선을 끄는 하이클래스 헤어스타일.

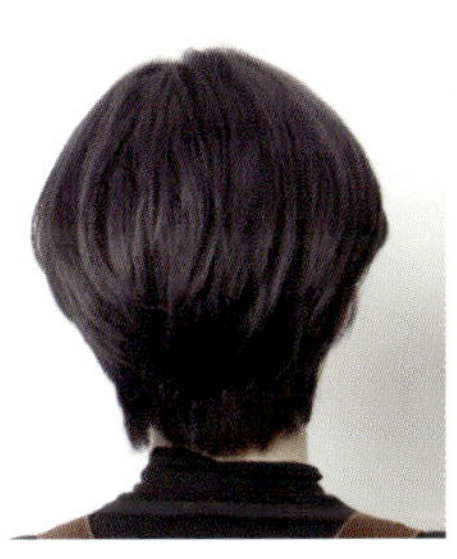

Women's

블루 바이올렛 컬러

Short Style

숏트한 컷트에 블루바이올렛을 더한 스타일로 숏컷의 도시적인 이미지와 블루바이올렛의 시크하고 쿨한 이미지가 더해져 매력있는 여성상으로 연출.

Women's

골드 브라운

Short Style

입술선까지 올라오는 숏한 단발컷트에 붉은기가 없는 라이트한 골드 브라운 컬러를 더함으로써 시크함보다는 밝고 부드러운 이미지로 연출.

Women's
애쉬 퍼플 커플
Short Style

한눈에 들어오는 멋스러움과 독특한 헤어컬러로 나만의 시그니처컬러 완성.
점점 그라데이션된 느낌의 컬러는 또하나의 포인트.
차분하지만 신비로운 애쉬퍼플은 오묘한 분위기를 연출.

Women's
쉐도우 가르마펌
Short Style

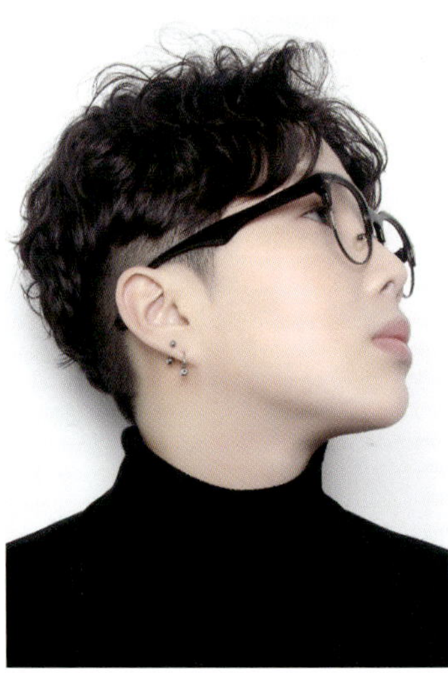

보이시함으로 무장하다.
라인은 짧게 투블럭컷트를 하고 윗머리는 캐주얼하면서 활동적인 느낌의 웨이브 컬을 넣어 가르마 스타일.

Women's

쇼트 보브 스타일

Short Style

여름, 겨울에도 인기가 많은 단발컷에 사파이어 다크컬러를 입혀주어 깔끔하고 단정한 분위기의 이미지를 만들어준다. 제품만 바르고 스타일링이 따로 필요없는 단발컷~. 손질을 잘 못하시는 고객님들께 추천.

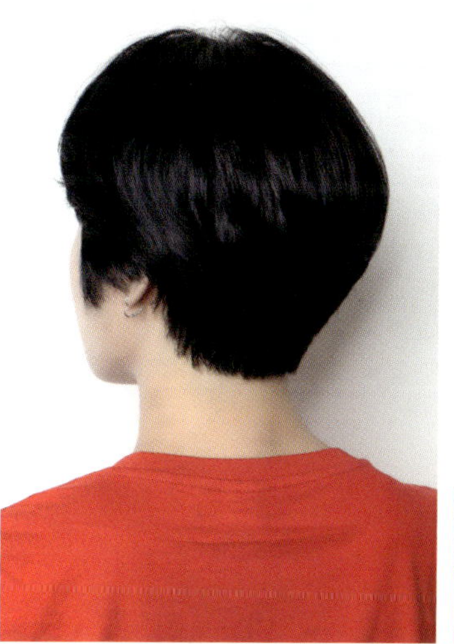

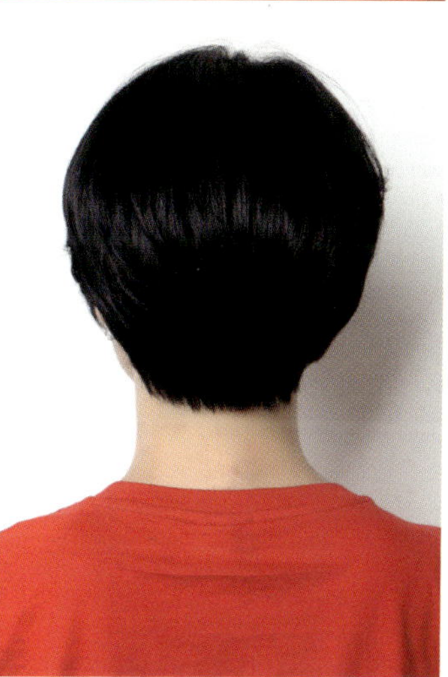

Women's

볼륨 쇼트컷

Short Style

목라인 기장은 피트하게 컷트. 윗기장은 길게 하여 볼륨감과 슬림함을 동시에 가진 숏컷트 스타일입니다. 탑 부분에 볼륨감을 가지고 있어 여성스러움이 돋보일 수 있는 숏컷스타일.

Women's
보이TL 숏컷
Short Style

머쉬룸스타일의 컷트 머리에서 가볍게 질감 처리를 하고 라인은 귀를 살짝 덮는 정도로 짧게 잘라 귀여움 보다는 중성적인 느낌이 나는 보이시 숏컷 스타일.

Women's
단발 레이어드 스타일
Short Style

레이어드된 단발컷트에 디자인컬러 스타일링하여 흩뜨려 무거워지기 쉬운형태의 디자인을 캐주얼하고 큐트하게 연출시켰으면 여기에 애쉬한 디자인 컬러로 쿨한 큐티를 표현.

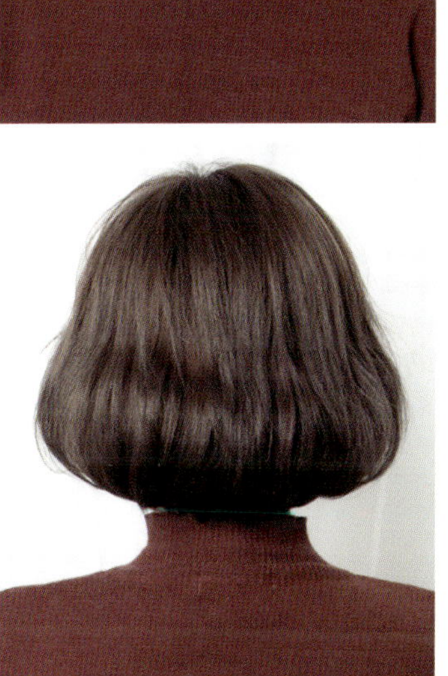

Women's

보브단발 & 포인트뱅

Short Style

무게감 있는 단발라인과
딥한 애쉬브라운 컬러로
클래식한 이미지가 표현된
스타일.
짧은 앞머리를 내어
여성스러운 이미지에
귀여운 이미지를 더하는
포인트를 줌 .

Women's

콘로우 디자인

Short Style

섹션을 나누어 디자인.
머리를 땋아 기법인 콘로우를
디자인.
평범한 이미지에서 벗어나
자유롭고 유니크하며 개성 있는
힙한 스타일을 표현할수있는
디자인.

Women's

크리에이티브 보브스타일

Short Style

보브스타일에 한계를 벗어나 층의 단차를 주어

크리에이티브한 스타일을 극대화 시키고 퍼플, 그린, 레드의 조합으로

아방가르드한 느낌을 연출하였다.

Women's

단발 히피펌

Short Style

짧은 숏 단발머리에 탄력 있는
웨이브 컬을 넣어
상큼하게 업된 느낌의
히피스타일.
발랄하면서 통통 튀는
이미지가 난다.

Women's

레드오렌지

Short Style

비비드한 레드오렌지 컬러는
탈색작업을 하여 투명감 있고
선명한 컬러로 이목구비가
또렷해보이면서
상큼한 느낌을 준다.
숏컷과 가장 잘어울리는 컬러

Women's
볼륨매직
Short Style

자연스럽게 들어가는 C컬의
볼륨매직 스타일.
아나운서 스타일의 차분하고
깔끔한 이미지의 스타일.
직장인 여성분들에게 추천.

Women's
디자인 투톤컬러
Short Style

하이브리드.
개성 넘치는 컬러로 단순한
보브라인에 쇼트한 뱅과
디자인 컬러로 시선받는
엣지 스타일 완성.

Women's
애쉬 투톤 컬러
Short Style

자연스럽게 연결되어 보이는 단발 옴브레 스타일. 브라운컬러에서 끝은 블루빛이 나는 퍼플애쉬로 그라데이션 되었다. 깔끔한 보브라인에 개성을 더했다.

Women's
사파이어블루 컬러
Short Style

나만의 컬러 스타일을 선호하는 분들께 추천. 탈색베이스에서 블루와 민트의 조합으로 완성된 디자인 컬러 스타일. 피부톤이 밝은 분들에게 더 잘어울릴 수 있는 사파이어블루 컬러.

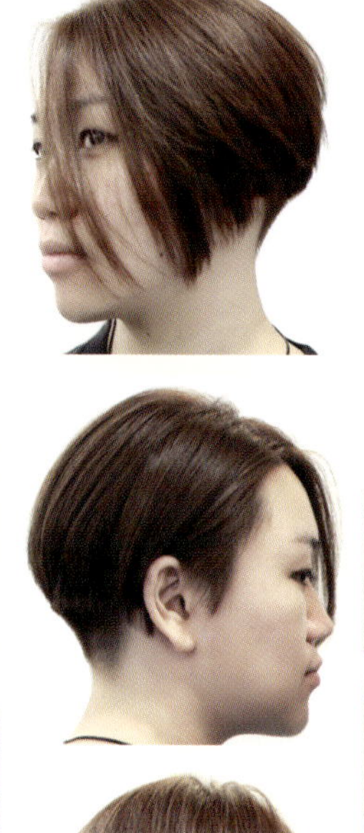
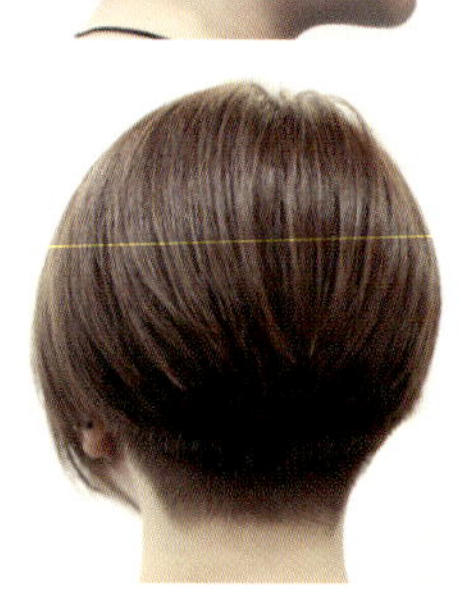

Women's

엔젤링 디자인 쇼트보브

Short Style

쿨한 느낌의 숏트보브컷 스타일.
엔젤링 컷 기법으로 디테일한 컷트라인 완성.
심플하면서도 멋스러운 텍스처로 엣지 있는
이미지 연출.

Women's

포인트 히피펌

Short Style

전체적으로 가벼운 질감에 페이스라인부분만
포인트적으로 웨이브컬을 주어 과하지 않은
히피스타일을 연출하였다.
휴가 시즌 한번쯤 도전해 보자.

Women's

보브웨이브 & 시스루뱅

Short Style

앞머리를 무게감을 덜어 여성스러움을 더하다.
얇은 모발은 자치 보브스타일에서 볼륨감이 떨어질 수
있기 때문에 S과C컬을 디자인하여
시술하는 것이 좋다.

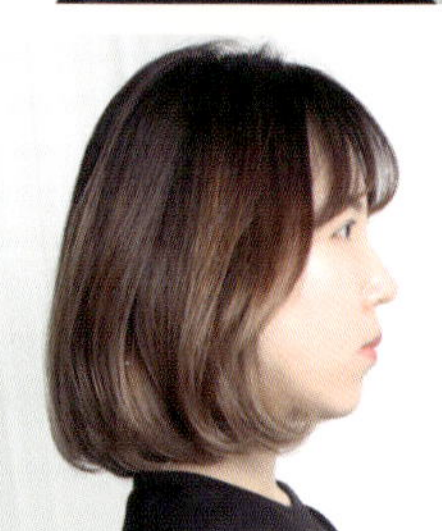
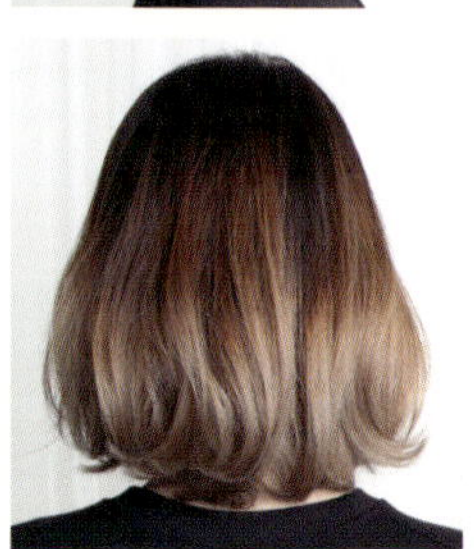

Women's

프레쉬 보브 스타일

Short Style

흐르는 듯한 라인에 센스만점 그라데이션 컬러 완성.
자연스러운컬러로 캐주얼해보이는 보브스타일을 연출.
네추럴함으로 여자의 편안함을 뽐내다.

Women's
단발 볼륨매직
Short Style

귀엽고 깔끔한 느낌.
단정한 볼륨매직 스타일로
부스스한 머릿결을 정돈하고
자연스러운 볼륨감을
원하시는 분들께 추천.
얼굴이 작아보이는
효과도 있다.

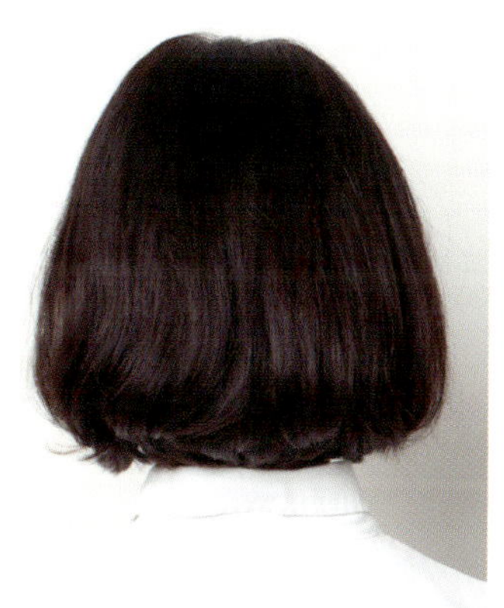

Women's
C컬펌 & 디자인보브
Short Style

보브라인과 페이스라인을
C컬펌으로 디자인하여
성숙미 있고, 때로는 캐쥬얼한
이미지의 헤어연출.
살짝 돌려말려주어
에센스를 발라 마무리
하는 것이 좋다.

Women's

원렝스 보브 스타일

Short Style

턱선과 입술선을 가이드로 깔끔하게 원렝스로 컷팅.

볼륨매직이나 블랙으로 컬러를 더하면 손질도 쉽게,

엣지 있는 스타일이 연출 가능.

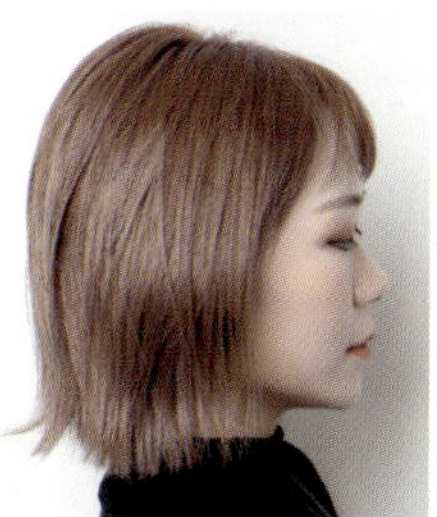
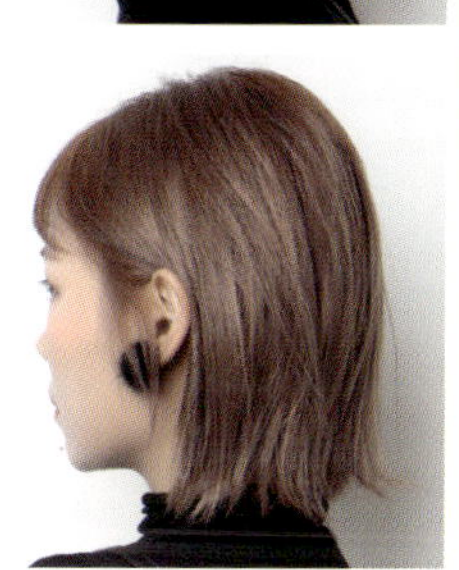

Women's

보브 허쉬컷

Short Style

무거운 단발머리를 가볍게 허쉬컷으로 자른후
오일을 발라 모발 가닥가닥을 표현한 스타일!
질감위주의 커트 스타일로 제품을 발라주어야
스타일리쉬한 표현이 가능하다.

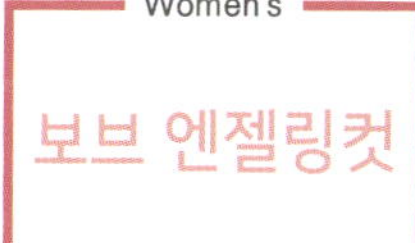

Women's

보브 엔젤링컷

Short Style

단발스타일을 원하지만 커트스타일의 이미지가 합쳐진
보브 엔젤링컷. 약간의 반곱슬 모발이라면
펌과 스타일링드라이 없이도 핸드 드라이와 빗질만으로도
볼륨이 있는 시크하면서도 단정한 헤어스타일을 연출.

Women's

블리치 디자인컬러

Short Style

애쉬 투톤브라운과 블루컬러가 믹스된 디자인 컬러스타일.
개성넘치는 숏트 스타일과 스페셜 컬러가 만나
남들과는 다른 보이쉬한 이미지와 신비로운 컬러로
개성을 살린 스타일.

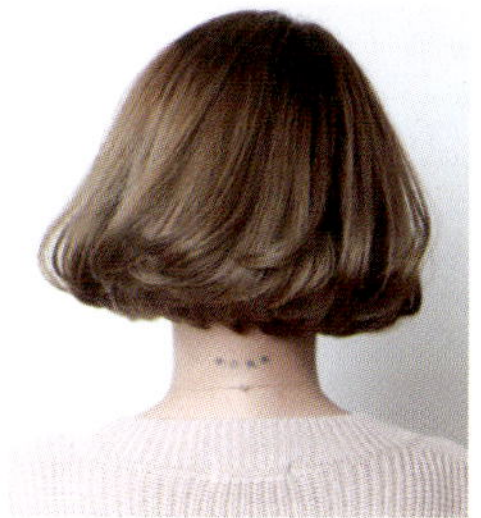
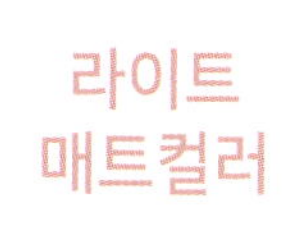

Women's

라이트 매트컬러

Short Style

모발 끝으로 갈수록 자연스럽게 그라데이션된 라이트한
매트컬러로 개성감과 부드러운 보브스타일의 컬러를 연출.
그라데이션된 컬러가 보브와 만나 볼륨을 더 돋보이게
연출해준다.

Women's
화이트 애쉬
Short Style

동양인 모발에서는 쉽게 가질수 없는 신비로운 느낌의 컬러로 헤어컬러만으로도 악세사리가 되고, 어떤스타일을 연출하더라도 포인트가 된다.
탈색과 토닝을 하여 연출된 컬러로 탈색의 노란기를 잡으면서 염색없이도 토닝으로 화이트한 애쉬 표현.

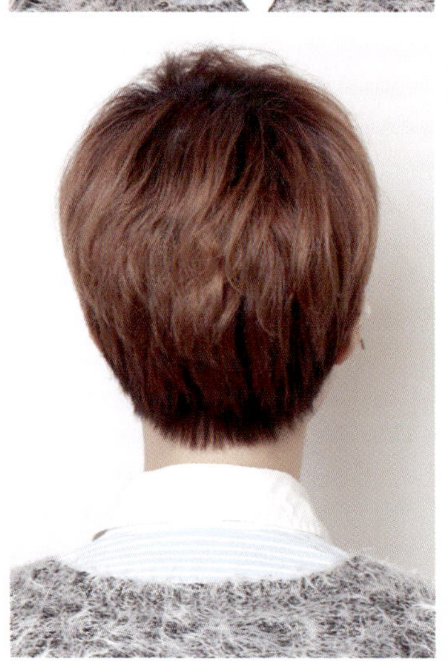

Women's
쉐도우 베이비펌
Short Style

살짝 흐르는 느낌의 베이비펌 스타일로 손으로 꾹꾹 잡아만 주어도 스타일링이 어렵지 않게 가능한스타일.
밝은 컬러의 모발에 약간의 부스스한 질감으로 손질만 해주어도 귀엽고 사랑스럽게 연출할 수 있다.

Women's
엔젤링 보브컷
Short Style

유니크한 보브스타일과 조화로운
핑크퍼플의 컬러가 만나
도시적인 헤어스타일을 연출.
뒷통수가 납작하신 고객님들께 볼
륨을 만들어수어 스
타일리쉬해 보이고 분위기 있어
보이는 헤어스타일.

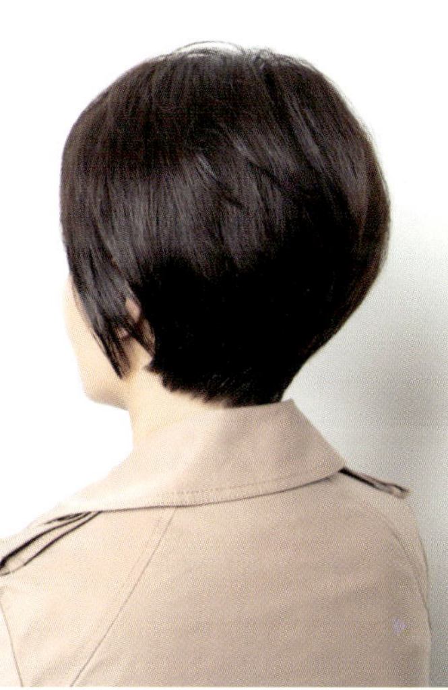

Women's
시그니쳐 쇼트 그라데이션 보브
Short Style

20대에서 50대의 여성까지
폭넓게 사랑받는 여성의
대표적인 쇼트보브 스타일.
단정하면서도, 앞머리의
형태에따라 귀엽게도,
쉬크하게도 가능하다.
시그니쳐 기법으로 조금더
사이드를 가볍게 처리하여
세련미를 더하였다.

Womon's

골드 블론드 헤어

Short Style

투명감이 있는 골드
블론드 컬러로는 얼굴이 밝고
화사하게 보이게한다.
보브스타일에 애쉬블론드
컬러를 더하면, 개성있고
어려보이는 스타일이
표현된다.

Women's

볼륨매직

Short Style

단발의 형태를 깔끔하고
매끄럽게.
볼륨매직을 강하게 넣어준
스타일 C컬볼륨매직!!
곱슬기가 많고 머리숱이 많은
고객에게 추천.

Women's
메니쉬 쇼트컷
Short Style

숏컷스타일로
여성스러운 느낌에서 벗어나
매니쉬함이 돋보이는 스타일.
두상의 백부분이 납작하신
고객에게 추천해 드리는
스타일로 백부분에 볼륨을 주어
입체감이 있게 연출 가능.

Women's
단발 C컬펌
Short Style

층을 살짝 내주어
단발 C컬펌을 해준 스타일.
볼에 살이 없으시고
볼륨이 없으신 고객에게
볼륨과 생기를 불어넣어주므로
강력추천. 살짝 층이난 모발에
강하고 탄력있는 C컬이
큰 볼륨을 만들어 부드럽고
여성스러운 분위기를 연출.

Women's

핑크애쉬 플레티넘 컬러

Short Style

쇼트한 컷트와 여성스러운 컬러가 조합된 스타일.

투명감 있는 핑크애쉬컬러로 화사하면서 귀여운 이미지를 만들어 준다.

개성 있는 나만의 플레티넘 컬러.

Women's

보브 레이어드 허쉬컷

Short Style

무난한 보브스타일이지만 층을 내어 별다른 아이템이 없이도 시크하면서 우아한 헤어스타일을 연출한다. 투명한 핑크퍼플컬러를 더해 주면서 세련됨을 표현하다.

Women's

레드 핑크컬러

Short Style

전체적으로 루즈한 웨이브컬 느낌이지만 턱선 위로 올라온 숏한 단발기장감과 레드핑크컬러로 발랄한 여성이미지를 표현하였다.

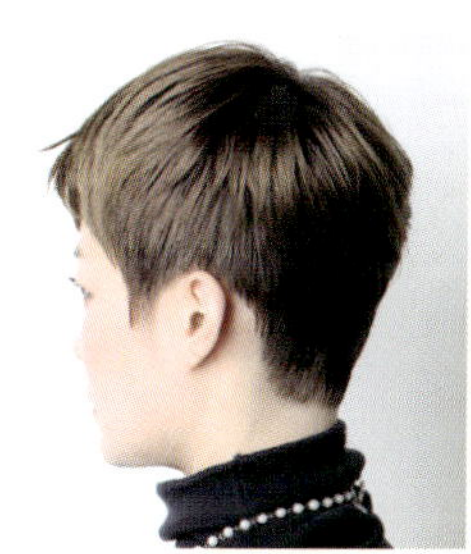

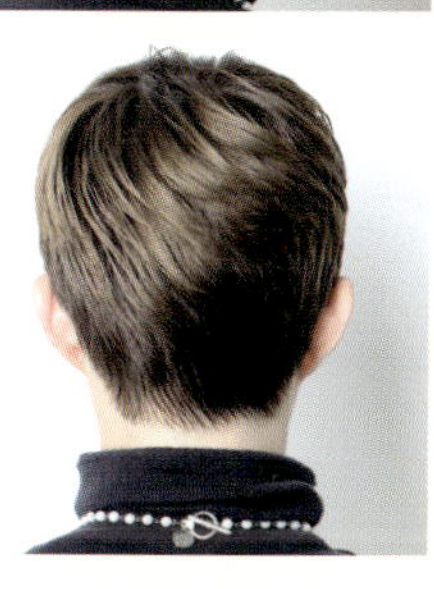

Women's

스페셜 컬러 & 처피뱅 &보브

Short Style

처피뱅과 엣지 있는 보브. 스페셜한 하프컬러 디자인으로 리얼리티브가 느껴지는 개성 넘치는 컬러. 콘트라스트가 강하게 느껴지는 핑크와 청보라컬러의 느낌 있는 조화로 매력적인 이미지를 연출.

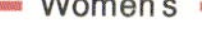

Women's

카키브라운 컬러

Short Style

엣지 있는 쇼트한 컷트스타일에 다소 거칠어보이는 질감으로 카키브라운 컬러를 입혀 붉은기를 최대한 억제해주는 헤어컬러스타일. 오일왁스 제품으로 스타일링을 완성.

Women's
호일워크 디자인
Short Style

언밸런스한 보브스타일에서 기장감이 있는 부분을 호일워크로 디자인하여 개성 있는 스타일로 디자인함. 무거운 보브스타일도 호일워크를 하므로써 입체감 있고 가벼워보일 수 있게 연출.

Women's
레드퍼플브라운
Short Style

레드와 퍼플의 절묘한 조화로 중채도의 색감을 연출하여 생동감 있고 활동적인 이미지를 연출. 깔끔한 단발보브스타일에 컬러를 입혀주면서 건강한 여성미를 돋보이게 연출.

Women's

쇼트 엔젤링컷

Short Style

쇼트스타일로 볼륨감이 있는
세련된 메니쉬한 스타일.
약간의 반곱슬기가 있다면
펌이 없이도 윤기나는 컷트
실루엣을 연출.
뒷통수가 납작한 고객님에게
추천해드리는 스타일.

Women's

쇼트 보브스타일

Short Style

목선이 가늘게 돋보이는
보브스타일.
긴 얼굴형을 커버해주면서
어려보이는 이미지를 주어
섹시하지만 귀여움까지
만들어주는 헤어스타일입니다.

Women's

블루 퍼플 컬러

Short Style

부드러우면서도 엣지 있는
보브스타일로 두가지
헤어컬러를 디자인하면서
개성 있는 컬러스타일을 완성.
트렌드하며 매력적인
디자인 연출

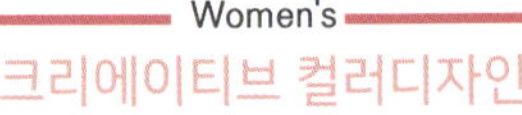

Women's

크리에이티브 컬러디자인

Short Style

클래식한 보브디자인에
투톤헤어컬러를 연출하면서
화려한 실루엣과
핑크라인의 포인트.
일반적이 헤어컬러가 아니라
또 다른 멋을 느끼게 해준다.

Women's

레드브라운 & 엔젤링 쇼트

Short Style

중채도의 레드로
가장 무난한 레드브라운 컬러.
동양인에게 잘 어울리는 컬러로
윤기가 많고, 모발이 건강해
보일수 있는 컬러입니다.
쇼트한 디자인과도 매치되면
고급스러움이 더한다.

Women's

쇼트보브스타일

Short Style

시스루뱅과 쇼트한
보브라인의 캐주얼하면서도
시크한 보브스타일.
뒷통수를 살려주는 컷트스타일로
손질이 쉬우면서
얼굴이 작아보이는
효과를 준다.

Women's

베이지 핑크 컬러

Short Style

베이지파스텔의 핑크빛으로 너무나 사랑스러운 이미지와

개성이 물씬 풍겨나는 스타일.

러프한 보브스타일에 깃털처럼 가볍고 러프한 스타일.

Women's

웜브라운 컬러

Short Style

분위기있는 미디움 단발에 웜브라운컬러를 입혀
고급스럽고 우아한 여성미있는 이미지를 연출.
가을, 겨울 헤어컬러로 강력 추천.

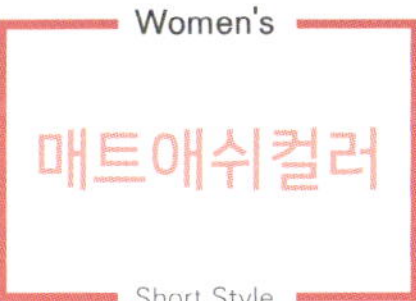

Women's

매트애쉬컬러

Short Style

붉은기가 억제된 매트애쉬컬러.
품위있고 섹시한 매력이 돋보이는 가벼운질감의
텍스처가 포인트인 컷트.
가벼움이 우아하게 꾸며져 매혹적인 분위기를 연출.

Women's

멜티 메이플컬러

Short Style

디자인한 보브컷과 여성의 고급스럽고
풍요로운 이미지의 컬러의 조합.
보브의 매혹적이고 모던한 분위기가
매력을 끌어올려준다.

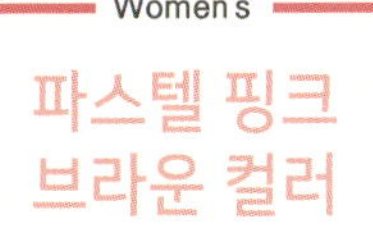

Women's

파스텔 핑크 브라운 컬러

Short Style

파스텔한 투명감을 표현하기 위해
탈색 1회로 베이스작업.
핑크퍼플 빛으로 케쥬얼함과 분위기 있는
보브스타일 연출.

Women's

언벨런스 보브 시그니쳐컷

Short Style

심플하지만 트랜디함이 공존하는 언벨란스 스타일. 뒤에는 무게감 있는 차분한 단발이지만 앞으로 갈수록 점점 길게 떨어지는 컷트라인과 페이스라인에 레이어드된 느낌은 독특함과 세련됨을 느끼게 해준다.

Women's

핑크&애쉬 투톤컬러

Short Style

하이브리드 컬러. 여성스러운 핑크컬러와 애쉬컬러의 쿨함을 믹스한 투톤컬러로 신비스럽고 이중적인 묘한느낌의 개성 표현이 가능하다.

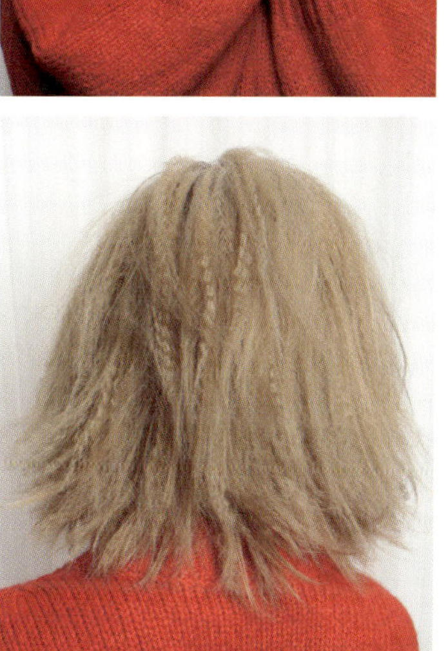

Women's
블론드 & 다이렉트 텍스쳐
Short Style

투명한 블론드컬러와 유니크한 다이렉트 헤어스타일링으로 개성을 표현. 경쾌하고 활동적인 스타일로 스타일리쉬해보이는 반전있는 이미지를 연출해보자.

Women's
레드 핑크컬러
Short Style

싱그러운 윤기감을 표현한 컬러로 보브스타일과 조화로 성숙미 표현. 다소 무거운 실루엣에 모발끝을 안으로 살짝 말아줌으로서 내추럴한 느낌을 강조. 이상적인 여성의 귀여움을 표현할 수 있다.

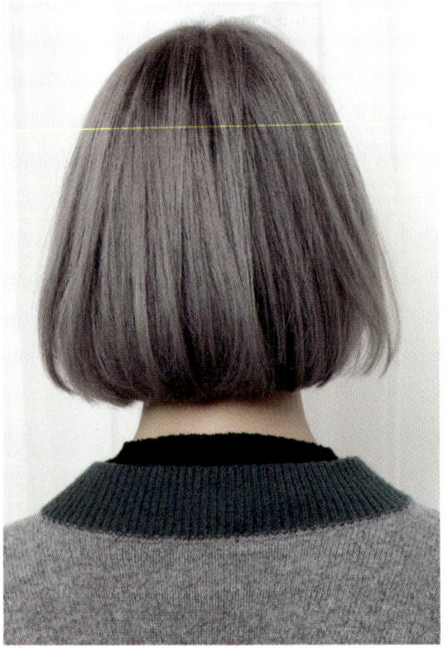

Women's
플레티넘 그레이
Short Style

엣지 있는 보브 스타일에
그레이시한 플레티넘 컬러를
더하다.
개성있고 트렌디한 컬러를 완성.
심플함과 트렌디함이 공존된
보브스타일.
뱅헤어와 엣지 있는 실루엣을
즐기는 디자인.

Women's
세미 발롱펌
Short Style

기본적인 보브 스타일에
C컬과 S컬의
믹스로볼륨을 만든
러블리한 이미지의 스타일.
기존의 보브스타일에서
편안하게 즐길수 있는
트렌디한 스타일로
분위기 변신에 가능.

Women's
유니크 히피펌
Short Style

러프하게 자른 원렝스 보브.
유니크한 웨이브펌과
스트레이트 숏뱅헤어로
상반된 매력이 느껴지는
신선한 보브스타일.
짧게 자른 앞머리도
하나의 포인트.

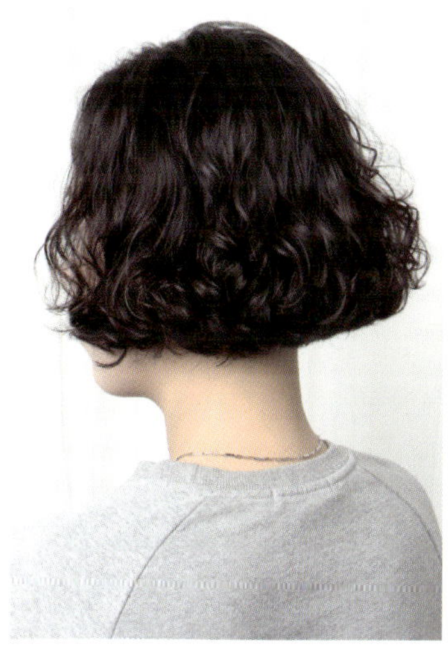

Women's
보브 발롱펌
Short Style

쇼트한 보브라인에
강한 웨이브로 개성을 더해준
유러피언 디자인.
강한 텍스쳐 웨이브의 디자인이
또다른 멋을 느끼게 해준다.
강한 웨이브로 개성있고
엣지 있는 이미지를 연출.

Women's

레드 & 루트 섀도우

Short Style

스트레이트 된 시크한 원렝스 보브에 강렬한 레드가 더해진 스타일.
모근부터 원터치로 모근부분의 컬러는 더욱 딥한 레드로 표현.
보브와 레드컬러의 조화는 도시적이면서 세련된 이미지를 돋보이게 해준다.

Women's

비비드 바이올렛

Short Style

거칠게 표현된 매니쉬한 쇼트커트와 비비드한 바이올렛의 컬러가 입혀진 스타일.
메니쉬함에 입혀진 바이올렛의 컬러는 신비롭고 매력적인 분위기를 더욱더 끌어내준다.
질감에 표현된 거친 느낌을 잘 표현한 스타일.

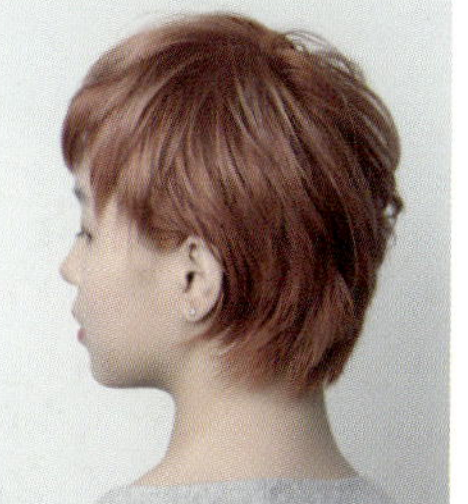

Women's

오렌지 컬러 & 쇼트컷

Short Style

쇼트커트에 투명감 있는 오렌지를 더한 스타일로
숏컷의 매니쉬함에 캐주얼 컬러 오렌지의 싱그러움이
더해져 귀엽고 사랑스러운 분위기 연출.

Women's

핑크 플래티넘 컬러

Short Style

보브 스타일에 핑크 플래티넘이 입혀진 스타일로
컬러의 투명감에서 나오는 가벼움이 보브스타일과
어우려져 우아한 분위기가 연출된다. 핑크 플래티넘컬러는
세련되고 개성 있는 매력을 어필해준다.

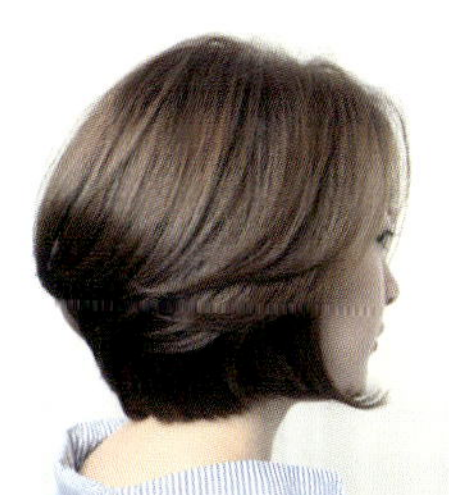

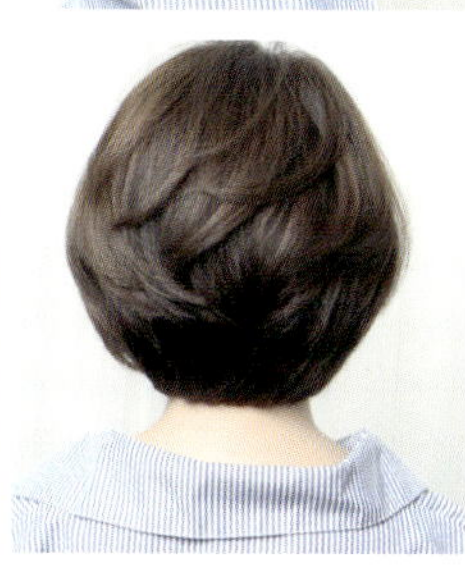

Women's

시그니쳐 보브

Short Style

기존의 층이 없는 무거운 보브스타일에서 벗어나
백부분에 입체감 있는 볼륨감을 넣어준 컷트스타일.
볼륨의 무드함이 분위기있는 여성미를 돋보이게 해준다.
여기에 중명도의 브라운컬러로 은은한 분위기를
더해주었다.

Women's

메니쉬 비비드 레드

Short Style

강렬함에 강렬함을 더했다.
짧은 숏컷트에 가벼운 텍스쳐느낌으로 결을 살리고
비비드한 레드컬러로 강한여성의
이미지를 더 부각시켰다.

Women's

쿨& 언벨런스 보브

Short Style

쿨한 스트레이트 실루엣의 보브스타일로

뒤에서 앞으로 상대적으로 길어지는 개성만점 멋진 보브스타일.

도시적이면서 시크함이 물들어 있는 매력적인 액티브한 디자인 표현.

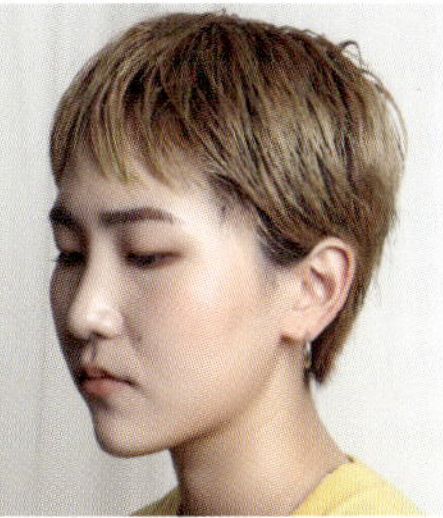
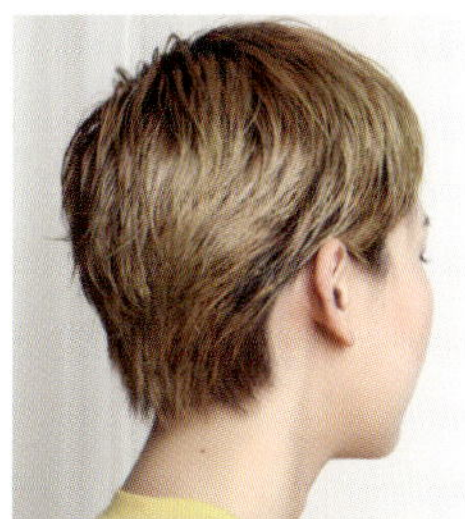
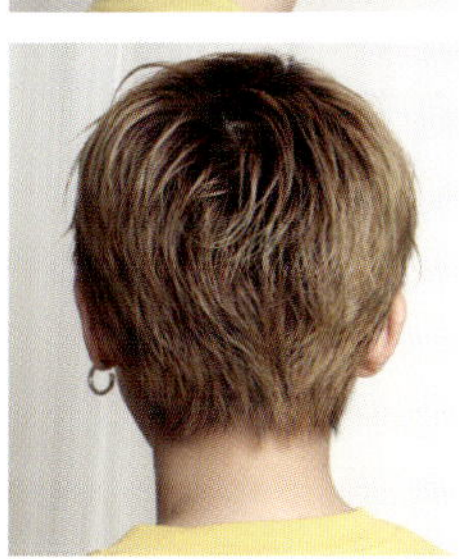

Women's

머쉬룸 하일라이트

Short Style

밋밋한 쇼트한 커트에 머쉬룸(버섯색) 하이라이트 컬러를 넣어주어 포인트를 준 스타일. 하이라이트를 모발에 넣어주므로서 생동감이 넘치고 개성 있는 자신만의 스타일을 표현할수 있는 디자인.

Women's

텍스쳐 샤기커트

Short Style

가벼운 질감으로 커트된 디자인 쇼트커트스타일. 무게감있는 커트 스타일과는 다른 텍스처의 느낌으로 가볍게 커트되어 트렌디하고 개성 있는 이미지를 연출. 웨트손질 추천

Women's

크리에이티브 컬러

Short Style

평범한 보브스타일에 크리에이티브한 디자인컬러가 표현된 스타일. 블론드컬러와 투명한 애쉬퍼플이 절묘하게 믹스된 디자인 컬러와 앞머리에 포인트를 준 어레인지한 스타일은 신비롭고 영롱한 분위기를 연출.

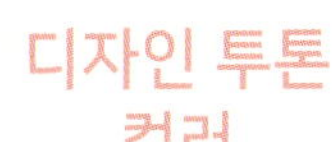

Women's

디자인 투톤 컬러

Short Style

플래티넘라벤더 컬러와 옐로우 컬러가 포인트로 디자인된 컬러스타일. 신비스러운 라벤더컬러가 전체적으로 깔려있고 보색대비 되는 옐로우 컬러가 세로로 콘트라스트적이게 들어가 있어 개성미가 연출된 스타일.

Women's
아이보리 컬러&웨트커트
Short Style

성인여성에게도 잘 어울리는 숏헤어스타일.
캐주얼한 분위기에 시크함까지 느껴지는 개성만점 헤어스타일.
심플하면서도 젖은 듯한 텍스쳐에 라이트한 컬러가 더해져 스타일 완성.

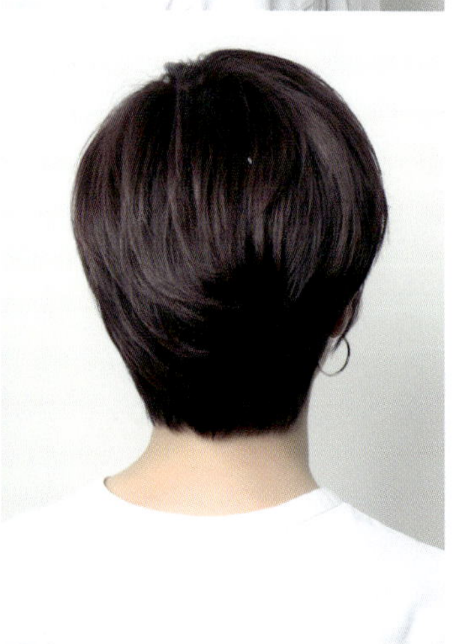

Women's
시그니쳐 쇼트헤어
Short Style

여성스러운면서도 귀여운 매력!!!
품위있는 릴랙스 헤어스타일로 바이올렛컬러로 전체적인 차분한 이미지를 보여줌.
차분한컬러로 성숙하면서 귀여운 표정을 연출.

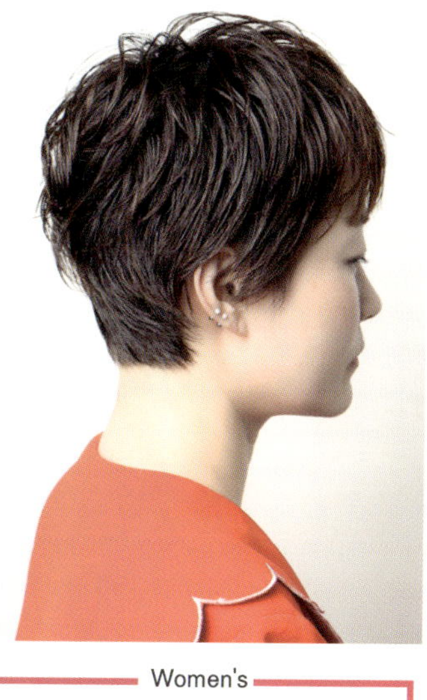

Women's
웨트 숏컷
Short Style

짧으면서 가벼운 숏컷에
젖은 듯한 촉촉함이 더해져
캐주얼하면서 세련된 이미지로
압도적인 숏헤어의 여성미를
더해준다.
약간의 펌으로 스타일링을
더하면 좋다.

Women's
시그니쳐 보브
Short Style

순수함이 묻어나는 숏단발
헤어스타일. 층을 내지 않은
베이직한 스타일로
질감처리만 가볍게 처리.
모든여심을 설레게 하는
사랑스러운
보브스타일 완성

Women's

비비드 블루 & 그린 믹스매치

Short Style

신비스럽고 입체감 넘치는
컬러 연출.
퍼플과 마젠타의 포인트 컬러를
더해 신비감을 더하였다.
좋아하는 컬러를 매치하여
개성 있는 나만의 컬러를
연출해보자.

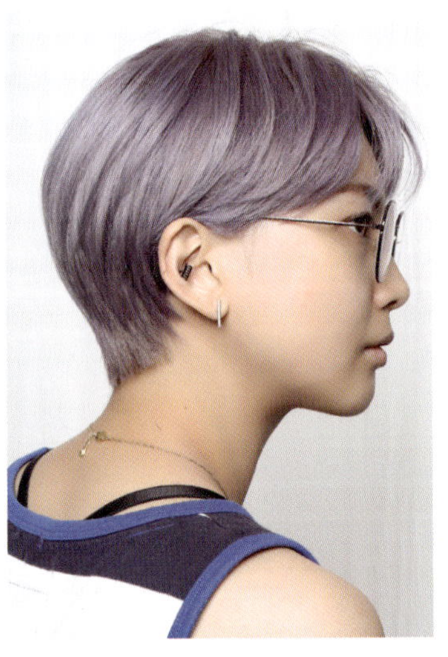

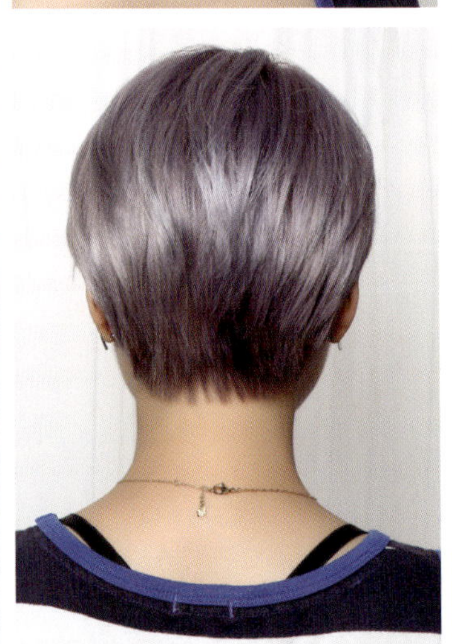

Women's

애쉬퍼플 컬러

Short Style

퍼플+그레이+ 블루믹스로
투명감과 신비로운 컬러 완성.
귀 뒤로 넘겨준 쇼트컷 스타일이
여성스러움과 함께 시크한
분위기를 주고, 컬러가 더해져
스타일리쉬한 스타일이
표현됨.

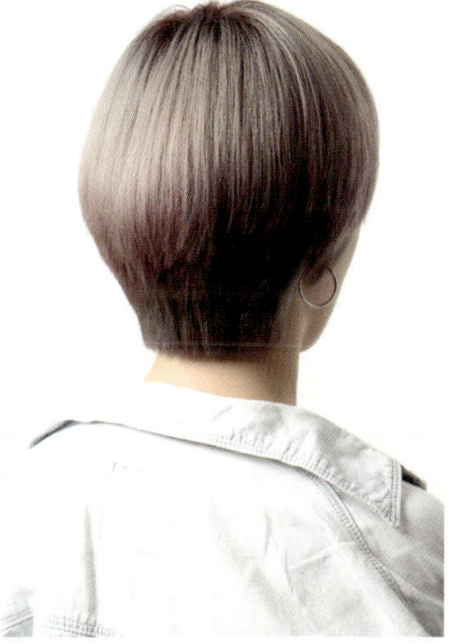

Women's

유니크 쇼트 스타일

Short Style

심플한 머쉬룸커트에 유니크한 컬러를 감돌게 하다.
깔끔한 머쉬룸 숏헤어는
무겁지 않게 자른 뱅스타일로
헤어디자인이 멋을 아는
모든 여성을 더욱 멋지게
변화시키다.
스타일링으로 윤기를 내면
더욱 멋스럽다.

Women's

핫레드& 보브

Short Style

강렬한 레드컬러로
건강한 모발의 아름다운이
돋보이게 해주는
보브스타일이다.
단조로운 보브스타일이지만
트렌드한 컬러를 더해주면서
엣지 있는 스타일로 연출.

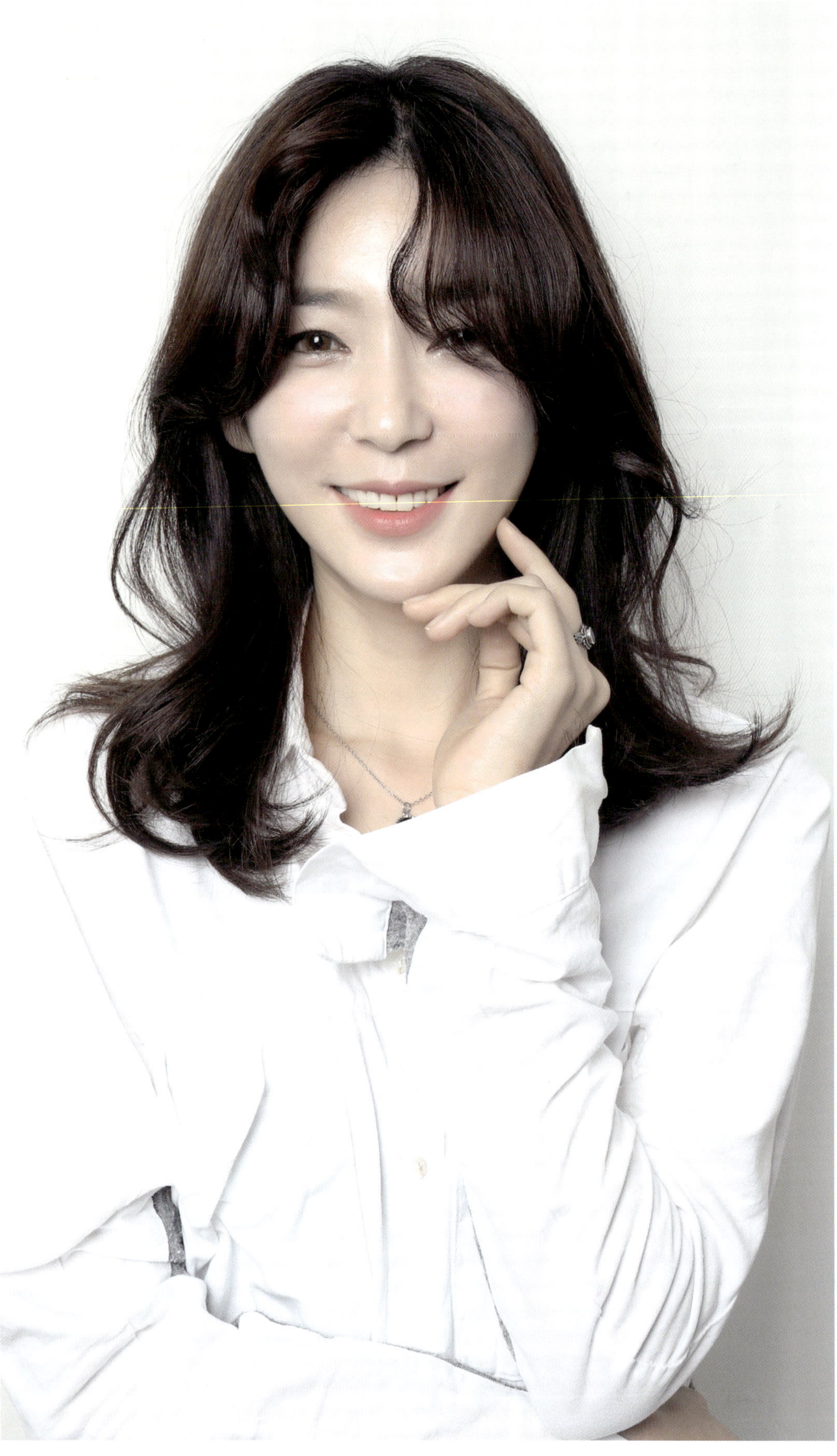

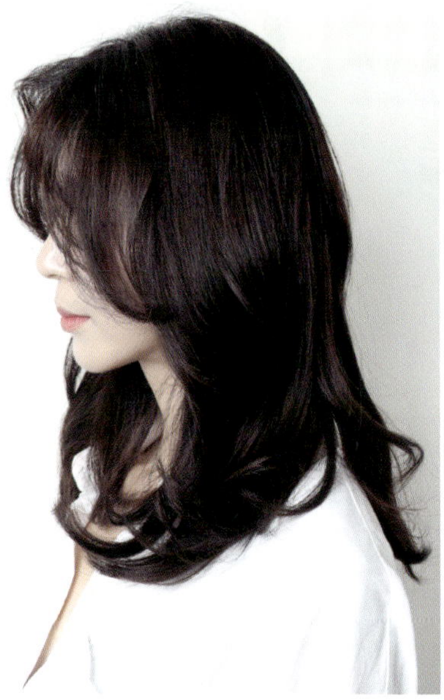

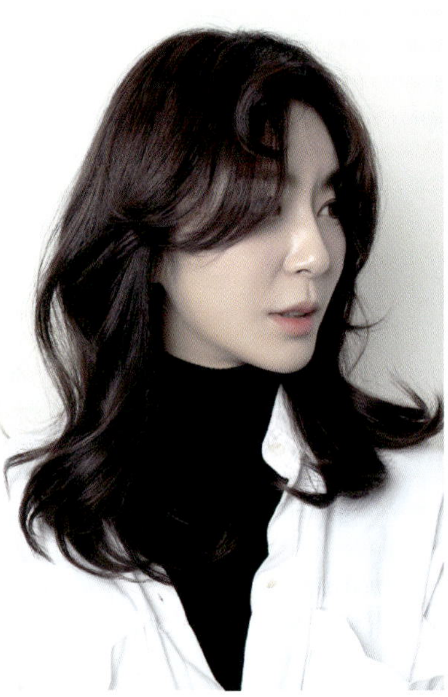

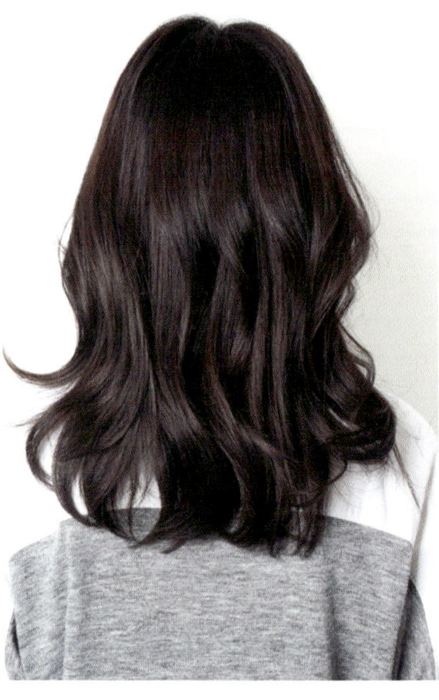

Women's

초코브라운 & 레이어드스타일

Medium Style

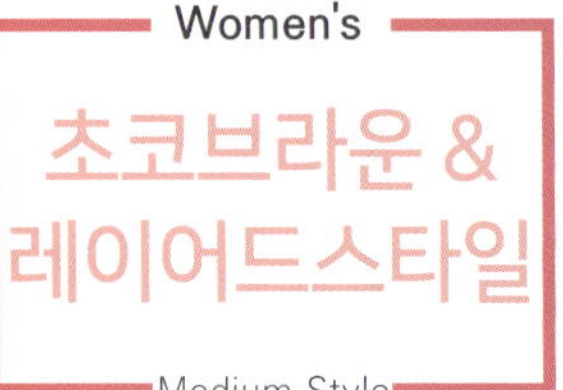

은은한 브라운컬러로 무겁지 않은 부드러운 이미지를 연출하면서

자연스러운 컬러감이 세련된 느낌을 주는 컬러스타일.

굵은 모발이라면 레이어드컷과 열펌을 통해 스타일이 흡사하게 가능하다.

Women's
블루퍼플옴브레
Medium Style

비비드한 블루와 퍼플의
옴브레 스타일로
신비스럽고 입체감 넘치는
매력적인 컬러디자인 연출.
웨이브 스타일링으로
시원한 여름에 안성맞춤인
헤어디자인.

Women's
미디움 레이어드 웨이브펌
Medium Style

C컬과 S컬의 중간 정도의
굵은 웨이브 열펌으로
시술하는 것이 좋다.
부담스럽지 않고 자연스러운
웨이브로 여성스러운 스타일.
다크한 컬러와 함께
고급스러운 헤어스타일.

Women's

미디움 레이어드컷 & 블루블랙

Medium Style

무겁고 답답한 느낌이 아닌
네추럴한 가벼움으로
텍스처가 가미된 세련된
레이어드컷입니다.
가을, 겨울 분위기를 내기에
예쁜 스타일입니다.
블루블랙으로 선명하고 윤기있는
컬러도 추천.

Women's

로브 디자인

Medium Style

롱과 보브의 중간기장을
로브라 한다.
단조로워보이면서도 멋스러운
미디움기장의 단발.
무거운 라인이지만
텍스처를 살려서 자연스러운
느낌을 줍니다.
모발 하단에 C컬펌을 시술하면
더욱 손질이 쉽다.

Women's

레인보우컬러

Medium Style

나만의 컬러로 나를 표현하다.
한번의 스타일체인지로
여러 이미지와 스타일을
연출할 수 있는
레인보우 파스텔컬러.
톡톡 튀는 개성 있는
헤어스타일로 이미지를
변신해 보자.

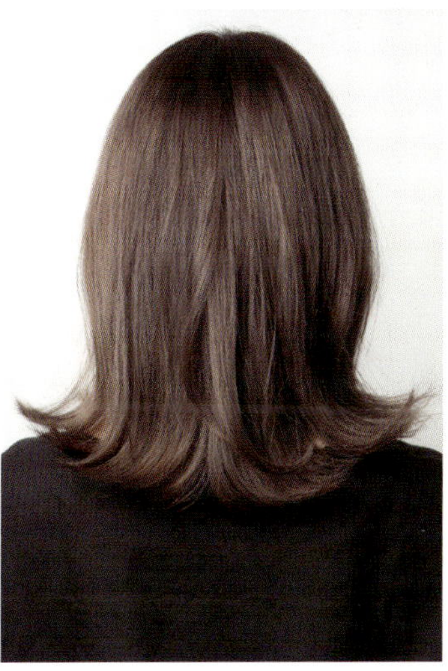

Women's

애쉬퍼플브라운 & 윈드펌

Medium Style

차분하고 깔끔한 중단발의
여성스러운 브라운컬러입니다.
애쉬과 퍼플이 믹스된
브라운으로 세련되고
중성적인 이미지를 더하고,
살짝 어깨라인에서 뻗치게
C컬로 펌을 하여 디자인한다.

Women's
프렌치 애쉬 브라운 컬러
Medium Style

탈색을 하지 않은 모질 상태에서 부드러운 여자의 워너비 컬러인 애쉬컬러를 입히다.
은은하게 빛취는 유러피언 컬러가 매력적이다.
가을 겨울 컬러로 추천.

Women's
미디움 웨이브펌 & 시스루뱅
Medium Style

여성에 여성을 더하다.
레이어드컷에 굵은 S컬펌을 함께 열펌을 시술하여 자연스러운 웨이브스타일로 여성스러움을 강조한 스타일.
여성스러운 시스루뱅으로 여성스러움을 더하였다.

Women's
퍼플 브라운 &디자인 웨이브컬
Medium Style

13레벨에서 표현이 가능한 컬러로 조금더 고급스러운 퍼플빛을 연출할 수 있다. 하단에 굵은 컬을 열펌으로 디자인하여 시술하면 여성스러움을 더할 수 있다.

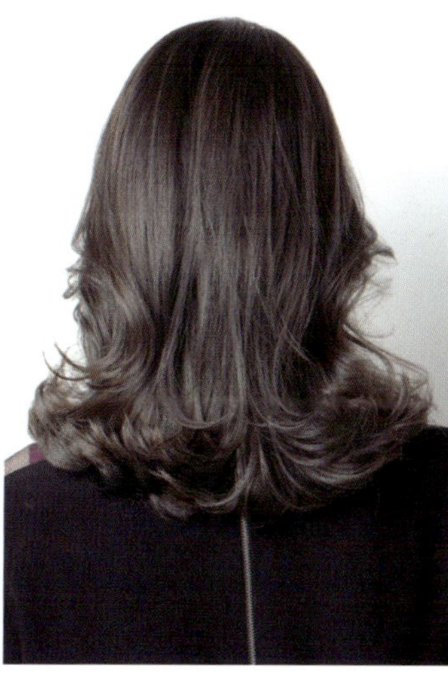

Women's
카키 하프컬러 디자인
Medium Style

하단에 탈색 작업을 발레아쥬 기법으로 시술 . 딥한 카키컬러를 더하여 신비스러운 컬러 연출. 리버스 컬 디자인으로 매력적인 여성의 이미지를 표현하였다.

Women's

C컬펌 디자인

Medium Style

어깨에 닿을 듯한 보브라인에서 C컬펌을 강하게 시술하여

여성스러운 펌을 연출하였다.

반곱슬이라면 믹스펌(볼륨매직과디지털펌)을 시술하는 것이 손질에 큰 도움이 된다.

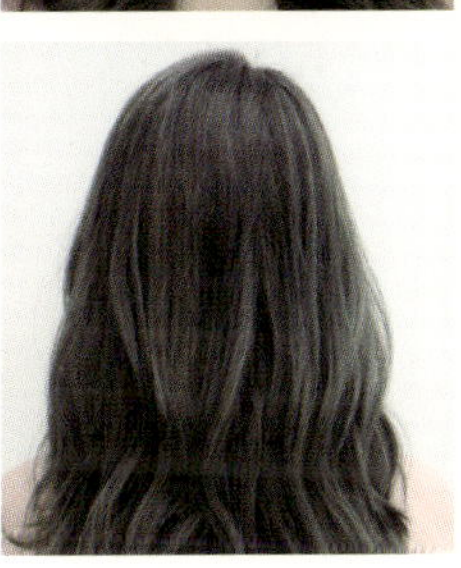

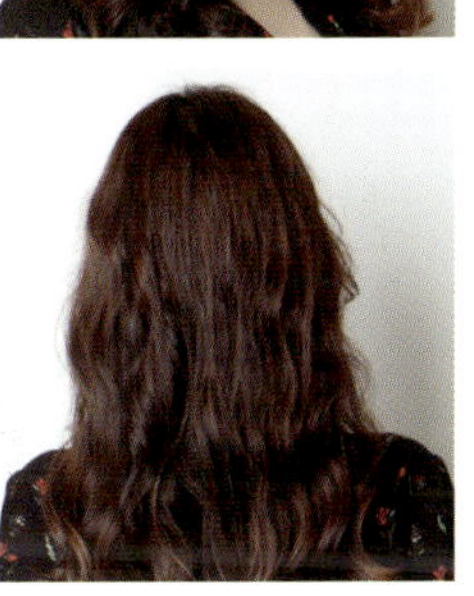

Women's

올리브 그린

Medium Style

채도가 높지는 않지만 탈색을 한 모발에 시술한 컬러로 투명감이 있는 컬러입니다.
색상 자체가 가벼운 컬러가 아니므로 고급스럽고 무게감이 있어 많은 여성분들이 한번쯤은 해보고 싶어 하는 스타일.

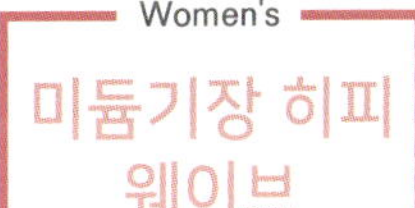

Women's

미듐기장 히피 웨이브

Medium Style

미듐기장의 컬이 강한 스타일로 자연스러운 히피펌스타일.
전체적인 볼륨감이 없으신 분들에게 많이 추천해드리고 살짝 부시시하고 보헤미한 실루엣이 특징인 스타일.

Women's

인크리스 레이어

Medium Style

레이어드 컷 스타일로 무게감을 줄이고 날씬하고, 가벼운 이미지를 연출하는 헤어디자인.
차분하고 단정한 여성이미지를 주는 스타일.

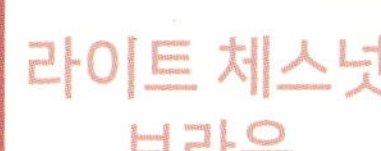

Women's

라이트 체스넛 브라운

Medium Style

무난한 브라운 컬러로 튀지 않고 네추럴한 이미지를 만들어주는 체스넛브라운컬러.
뿌리는 한톤 어둡게 함으로써 모발이 자랄 때 자연스럽게 연결되게 시술한다.

Women's

물결펌 스타일링

Medium Style

선이 확실한 스타일보다는 흐름이 자연스러운 물결펌 스타일의 스타일링도 여성스럽고도 차분한 느낌을 더 잘 살려낸다.
긴 사이드 뱅으로 얼굴 윤곽을 조금 더 작아보이게 보이게 연출된다.

Women's

S컬 바디펌

Medium Style

층이 없는 무거운 스타일의 미디움 길이에 아래쪽에만 S컬을 넣어주어 윗부분에는 차분함을 아래부분은 여성스러운 이미지를 연출함.
숱이 많고 뜨는 모발에 추천하는 스타일.

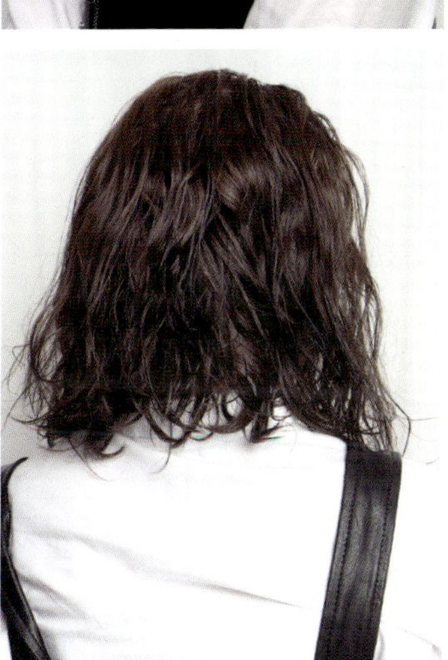

Women's
웨트웨이브펌
Medium Style

루즈한 약제펌 시술로 네추럴한 웨이브 시술.
젖은듯한 느낌으로 오일이나 웨트왁스를 발라주어 스타일의 유지력을 높여준다.
히피스러움, 자유로운 이미지를 선호하시는 분들께 추천.

Women's
단발 S컬 스타일
Medium Style

탈색이 되지 않은 모발이라면 어깨를 살짝 넘는 단발기장에 굵은 S컬 펌을 추천.
어깨선에 뻗는 컬이 귀여움과 여성스러움을 돋보이게 해줍니다.

Women's

핑크발 레아쥬 컬러

Medium Style

발레아쥬기법으로 블리치 작업을 시술한 후

핑크컬러를 전체적으로 입히다.

그라데이션스타일로 차별화된 컬러로 색다른 분위기 연출.

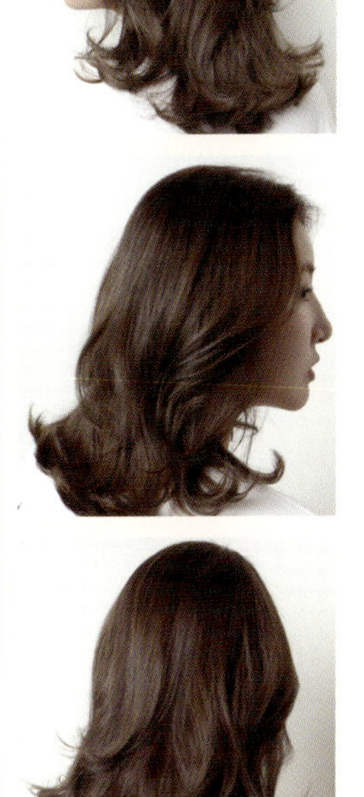

Women's

섀도우애쉬 컬러

Medium Style

탈색 없이 라이트한 모발에서는
카키빛이 도는 애쉬브라운이 연출된다.
모발이 얇을수록 컬러의 표현력이 더욱
잘 표현이 가능하다.

Women's

S컬 바디펌

Medium Style

층이 없는 무거운 스타일의 미디움길이에
아랫쪽에만 S컬을 넣어주어 윗부분에는 차분함을
아래 부분은 여성스러운 이미지를 연출함.
숱이 많고 뜨는 모발에 추천하는 스타일.

Women's

레드 오렌지 브라운

Medium Style

다양한 레드컬러는 여러 가지 이미지를 표현한다.
레드 오렌지는 너무 무겁지도 너무 가볍지도 않은
윤기감과 생기감을 더하여 주는 특별한 컬러이다.
굵은 웨이브를 함께 스타일링하으로써
여성스러운 이미지 연출.

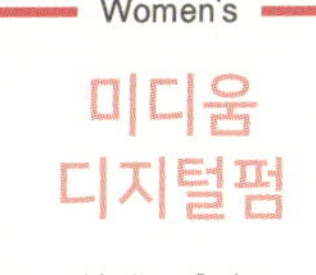

Women's

미디움 디지털펌

Medium Style

이목구비가 뚜렷한 얼굴형에 어울리는 펌 스타일로
자칫 강해보일 수 있지만 굵은 S컬로 펌을 함으로써
부드러운 인상을 만들어준다. 중간 고정력의
스타일링 제품을 추천.

Women's

핑크 바이올렛

Medium Style

청순하고 화사함의 꽃,
투명감 있는 핑크바이올렛의
색감으로 더 로맨틱한 이미지를
연출한 컬러.
보이쉬해 보일 수 있는
컷트스타일에 컬러로
여성스러움을 표현함.

Women's

네추럴 웨이브 스타일

Medium Style

흐르는 듯 자연스러운 컬감으로
여성미를 더하다.
청순한 이미지에 네추럴한
웨이브로 조금더 자유롭고
생기감을 불어넣은 스타일.

Women's

레이어드컷 디자인

Medium Style

전체적인 실루엣이
무거워 보이지 않도록
레이어드컷을 하여
가벼운 질감을 만들어준다.
애쉬브라운으로 염색을
더해주면 더욱 질감의
브드러움을 느낄 수 있다.

Women's

머메이드블루

Medium Style

바다의 신비한 색감을
헤어컬러로 연출한
머메이드블루컬러.
조금더 특별하며 색다른
컬러감을 느낄 수 있다.
컬러로 무궁무진한
이미지 변신을 시도해보자.

Women's

카키애쉬컬러 & 윈드컬 스타일

Medium Style

카키빛과 애쉬빛의 컬러로
오묘하게 믹스된 컬러스타일.
투명감이 있어 신비로움을
느낄 수 있는 컬러.
살짝 뻗친 스타일링을 더해
엣지감 있는 스타일을 연출.

Women's

바이올렛 블루에쉬컬러

Medium Style

블루의 쿨한 이미지와
바이올렛의 오묘함을 더하였다.
신비스러움이 자연스럽게
그라데이션이 되어
독특한 나만의 헤어컬러를 연출.

Women's

미디움 웨이브펌

Medium Style

미듐기장의 웨이브 스타일로
숱이 없거나 볼륨감이
부족하신 분들에게
추천드리는 스타일.
자연스러운 웨이브가
호불호없이 누구에게나
잘 어울릴 수 있는
스타일입니다.

Women's

미듐레이어드 C컬펌

Medium Style

미듐기장의 레이어드컷에
C컬펌 스타일입니다.
자연스러운 실루엣이 특징이며 여성스러운 미가 강조되는
스타일.
초코브라운컬러가 부드럽고
피부톤을 환하게 만들어
생기 있고 부드러운 무드가
보이도록 연출.

Women's

레이어드 컷 & 카키애쉬컬러

Medium Style

가벼운 질감의 레이어드컷으로 탑 부분의 볼륨은 살려주고

얼굴선 주위에 입체감을 살려준 스타일.

투명감 있는 컬러로 연출하면 더욱 스타일이 돋보일 수 있다.

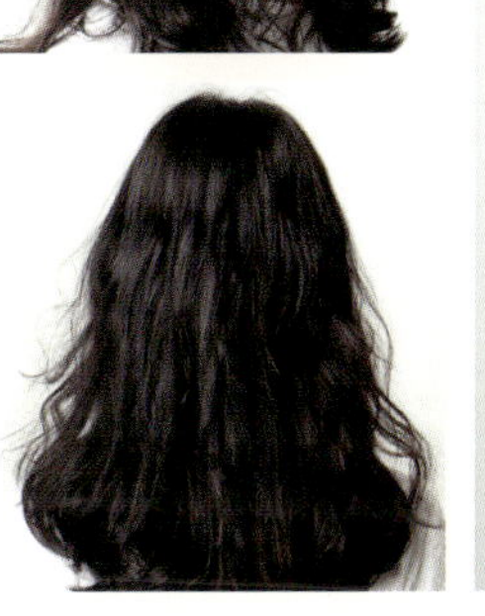

Women's

빈티지 스타일

Medium Style

모발이 얇거나 힘이 없어 고민이신 분들께 추천 스타일.
얇은 모발도 볼륨감을 만들수 있으며 인위적이지 않는 헤어펌 스타일입니다.
대충 털어말려도 상관없는 바쁜 현대인들에게 적합한 헤어스타일.

Women's

볼륨매직

Medium Style

숱이 많고 부스스한 모발에 단정함과 부드러움을 줄수 있는 볼륨매직 스타일.
매직이지만 볼륨감을 넣어주어 내추럴하고 단아한 이미지를 만들어 주며 손질이 어렵지 않아 숱이 많은 고객님들께 추천해 드리는 스타일.

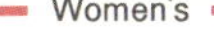

Women's

레이어드 C컬펌

Medium Style

무겁지 않게 층을 낸 레이어드컷과 C컬펌을 시술함으로써 손질이 편하고 자연스러운 웨이브를 연출할 수 있다.

Women's

루트 섀도우 디자인컬러

Medium Style

전체적으로 탈색을 한 모발에 뿌리쪽으로 레드퍼플컬러를 포인트로 준 디자인컬러.
샴푸시 하단 모발과 애멀젼 작업으로 자연스럽게 색을 입혀준다. 엣지 있는 컷트라인.
더이상의 엣지는 없다.

Women's

매트애쉬 하프컬러

Medium Style

하프라인에 탈색과 염색을 통해 브라운컬러와 대비되는 컬러. 전체적으로 차분한 이미지와 부담스럽지 않은 컬러. 적선적인 스트레이트 형태와 만나면 액티브한 이미지 표현도 가능하다.

Women's

그린 발레아쥬 하프컬러

Medium Style

브라운컬러와 하프컬러의 비비드한 그린컬러가 발레아쥬스타일로 표현되어 절묘하고 특별한 분위기를 연출. 여름 시즌 적극 추천하는 헤어스타일.

Women's

세미 레이어드컷

Medium Style

무거운 질감에서 벗어나
층을 내주어 탑부분의 볼륨은
살려주고 모발 끝에
질감처리를 해주어 손질이
편하고 자연스러운 느낌이
여성스러움과 부드러운 인상을
만들어주는스타일.

Women's

헬시브라운 컬러

Medium Style

따뜻하고 부드러운 색감의
컬러로 누구라도 부담스럽지
않고 건강해 보이는 컬러.
네추럴한 헬시브라운컬러느
스트레이트헤어나 웨이브헤어 등
모든 스타일에 조화롭게
연출된다.

Women's

포인트레드컬러 & 허쉬컷

Medium Style

모발에 층을 내어 덥수룩하고
무거운 생머리와는 달리
가볍고 산뜻한 레이어드
스타일로 멋스러움을 준다.
포인트로 레드를 선택해
강력함과 개성을 더하였다.
다양한 이미지로 중성적인
느낌을 더할 수 있다.

Women's

바이올렛 브라운

Medium Style

채도가 낮은 컬러로
차분함과 지적인 느낌을 주는
레드바이올렛 컬러.
모발이 건강해 보이고
윤기나 보이는 것이 특징.
조금 더 남과 다른 나만의
브라운 연출.

Women's

라이트골드 컬러

Medium Style

투명감 있는 골드쿠퍼컬러로
따뜻하면서 투명감있는
이미지의 분위기를 연출.
모발이 얇은 분들은
1회 염색 시술로 가능한 컬러

Women's

디자인 디지털펌

Medium Style

손질이 쉽고 부하지 않은
스타일을 원할 때 바디펌
느낌으로 굵게 시술한
스타일입니다.
C컬과 S펌을 믹스하여
디자인한 펌스타일.
자연스러운 웨이브가
여성스러움을 돋보이게
해줍니다~

Women's

샤기 레이어드컷

Medium Style

전체적으로 층을 가볍게 많이 내서 무거움을 없애고 모발끝부분이 가늘어지고 가벼워진다.
끝부분이 들뜨고 거친느낌을 주기 때문에 펌을 함께 시술하면, 더욱 유니크하고 부드러운 스타일이 연출 가능하다.

Women's

노블레스 코랄 트와일라잇 믹스컬러

Medium Style

고혹적이며 섹시한 이미지의 코랄 컬러.
동양인에게 잘 어울리는 컬러로 윤기감과 투명감을 표현할 수 있습니다.
15레벨 이상의 베이스에서 깊이감 있게 표현이 가능하다.

Women's
골드 베이지컬러
Medium Style

라이트한 베이스에 호일워크작업으로 블리치하였다.
투명감있는 투톤스타일로 연출.
이목구비가 뚜렷한 여성분들에게 부드러운 인상을 만들어줍니다~

Women's
러블리디지털 웨이브펌
Medium Style

히피펌 느낌과 비슷하다.
단, 모발 하단부터 롯드를 말아 아랫단에 더욱 풍성함을 주는 것이 약간의 차이라고 할 수 있다. 디지털펌에도 디자인이 필요하다.
풍성한 웨이브로 볼륨감을 주어 러블리한 이미지를 더해준다.

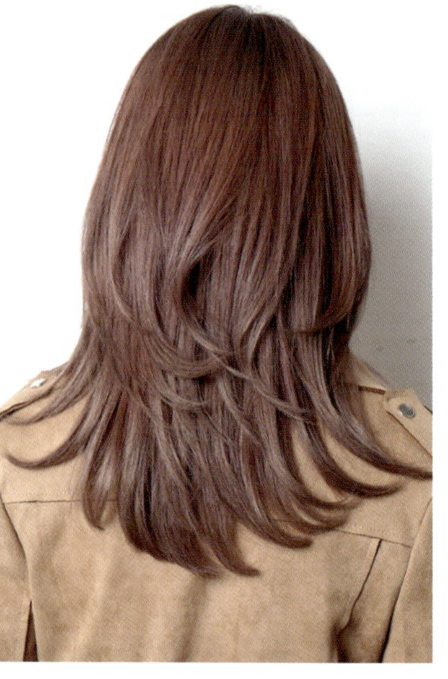

Women's

코랄베이지 브라운

Medium Style

코랄색감의 베이지브라운컬러로 부드러운 코랄의 붉은색감이 네추럴하게 나타내어 붉은기가 부담스러우시거나 거부감이 있으신 고객에게도 부담스럽지 않고 예쁘게 표현될수있는 사랑스러운 컬러. 미디움기장의 레이어드컷스타일로 시크하면서도 여성스러운 무드를 나타냅니다.

Women's
핑크 퍼플 밀키브라운
Medium Style

빛바랜듯한 퍼플컬러의 조화로움.
분위기 있고 화사한 컬러를 연출.
베이스가 13레벨 이상인 상태에서 시술 가능.
웨이브 스타일링과 함께 하면 더욱 사랑스러운
여성의 이미지 표현.

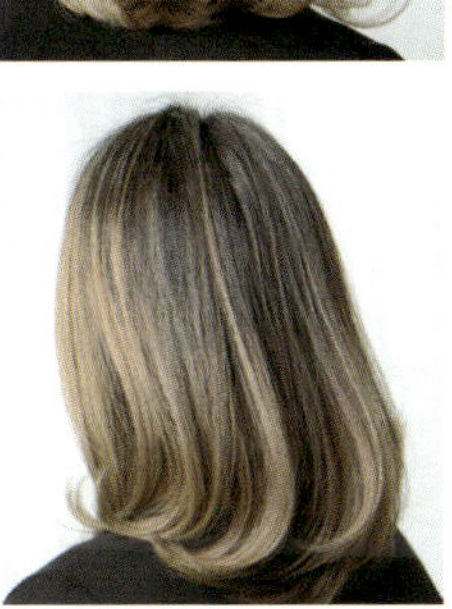
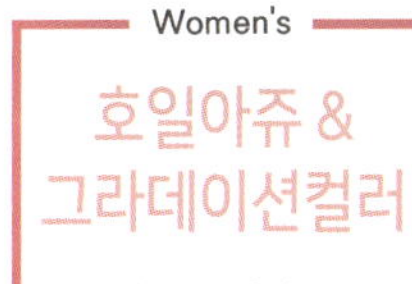

Women's
호일아쥬 & 그라데이션컬러
Medium Style

호일을 이용한 블리치작업으로 자연스럽게 연결되는
블리치 베이스 완성.
토닝 작업을 통해 자연스러운 색감의 어울림을 더했다.
모발이 자라도 티나지않고 자연스러워서 외국 거주하시는
분들께 인기가 많다.

Women's
포인트 뱅 & 레드그라데이션
Medium Style

루트, 즉 모근 부분에 비비드한 레드를 바른 후
방치타임 후 샴푸시 애멀전 작업을 전체적으로 한
컬러디자인. 스트레이트한 컷트스타일로 직선적이고
쎈 이미지를 가지고 있지만 짧은 뱅 스타일을
포인트로 하여 개성 있는 스타일을 만들어준다.

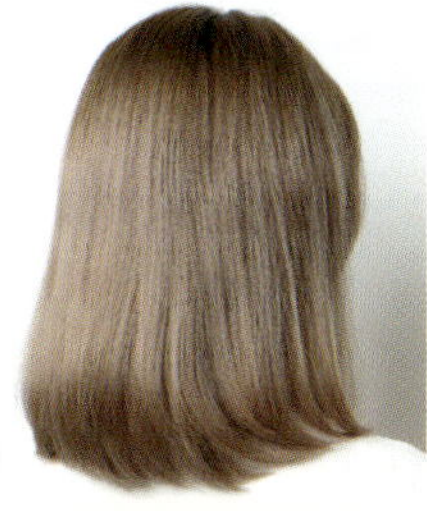

Women's
세미 레이어컷
Medium Style

전체적인 기장은 보브라인으로 무게감이 있으나
페이스라인 주위에 살짝 층을 내어
가벼운 질감을 만들어준다.
차분하면서 깔끔한 스타일을 완성.

Women's

미디움 레이어드펌

Medium Style

미디움 기장에서 레이어드를 컷팅하여 열펌을 이용하여 굵은 흐름의 레이어드펌 연출. 최근 가장 SNS에서 핫한 헤어스타일.

Women's

골드 밀크 블론드

Medium Style

윤기 있고 투명감있는 골드블론드컬러. 햇빛과 같은 블론드컬러로 피부톤을 화사하게 만들어주며 처피뱅과 레이어드 컷트스타일로 귀엽고 무드있는 느낌을 한층 더 연출해주었다.

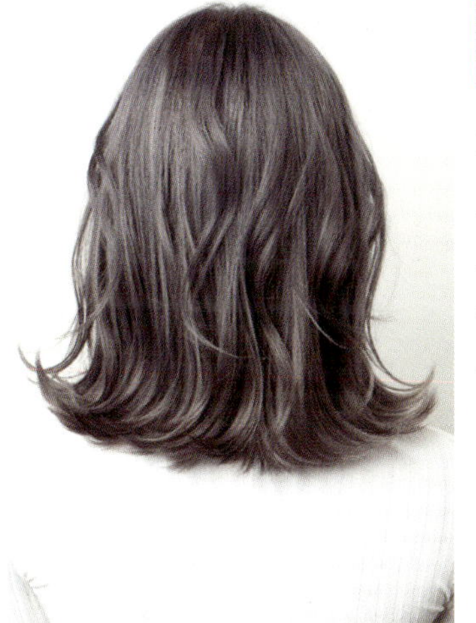

Women's
플레티넘 에쉬 컬러
Medium Style

개성 만점.
보브스타일과 의 조화로움
흐르는 듯 루즈한 스타일링으로
컬러와의 환상적인 조화로움을 연출하였다.

Women's
히메컷 & 루트 섀도우
Medium Style

턱선에서 뒷라인과 단절되게
자른 컷트라인이 포인트.
히메컷과 모근을 조금더
어둡게 디자인하여 빈티지한
컬러 느낌으로 조화롭게
연출한 스타일.

Women's

레드 그라데이션 포인트 컬러

Medium Style

모발 하단을 위주로 디자인하여
탈색작업 후,
전체 모발에 레드브라운으로
시술하여 자연스럽게 섞이면서도
포인트가 잘 표현되는
컬러디자인 연출.

Women's

리빙 코랄컬러

Medium Style

황금빛에 주황빛이 더해진
리빙코랄로 따뜻함과
편안함을 느낄수 있는 컬러이다.
투명감이 있어 가벼워보이지만 낙
천적인 이미지를 준다.

Women's

파스텔 핫핑크컬러

Medium Style

탈색 2회 시술로
베이스 작업 후,
투명감 있고 톡톡튀는
파스텔 핫핑크컬러.
개성 있는 스타일로 SNS에서
핫한 컬러 디자인.

Women's

비비드 블루퍼플

Medium Style

탈색이 베이스가 된 모발에
비비드한 블루퍼플 컬러로
엣지감 있는 스타일 연출.
단조로워보이는 컷트라인을
보완해 엣지감 넘치는 스타일로
완성.

Women's
원랭스 바디펌
Medium Style

층이 없이 무게감 있는
일자 원랭스컷에 자연스럽고
굵은 S컬의 바디펌,
컬이 많지 않아 자연스럽고,
모발이 가늘거나 숱이 적은
모발의 고객님들께 추천 스타일.
굵은 S컬펌으로 트렌디한
여신 뒷태를 만나보자.

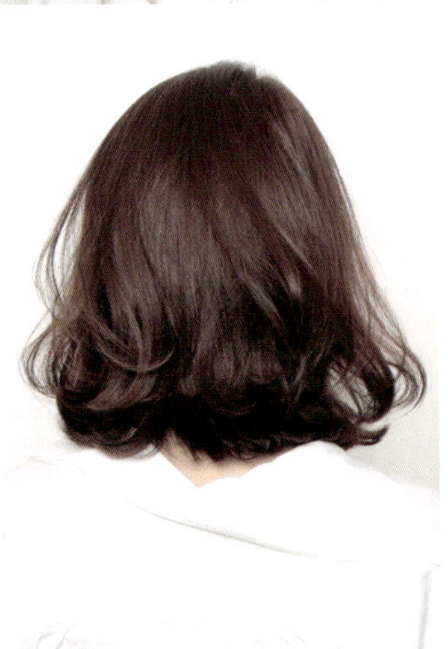

Women's
미디움 디자인 라인
Medium Style

단발과 미디움 사이의 기장으로
과하지 않은 굵은 웨이브 스타일.
롤펌이나 열펌으로
컬을 디자인하여 시술 후,
중간 고정력의 왁스로
스타일링하는 것이 좋다.
러블리한 이미지의
헤어스타일.

Women's
히피펌 스타일 (열펌)
Long Style

일반 텍스처펌으로 히피펌을 시술한 것이 아닌 열펌으로 자연스럽게 시술되었고 펌이 탄력있게 오래가며 부스스함도 지저분하지 않게 표현됩니다.
전체적으로 컬이 많아보이고 싶다면,중간 정도 고정력의 왁스로 쥐듯이 손질.

Women's
라이트브라운 포인트컬러
Long Style

블리치 작업을 한 후, 밝은 브라운 컬러로 색을 입히고 개성감을 더하기위해 포인트로 핑크와 청록색으로 매니큐어시술. 튀는 스타일의 컬러포인트가 아니라 부담이 적고, 개성을 살린다.

Women's

다크애쉬 컬러

Long Style

다크한 컬러는 윤기감과 모발의 정돈감을 확실히 배가시킨다.

다크애쉬컬러는 기존의 베이스 컬러가 밝았던 모발에 하시면 색감이 색감이 풍부하게 연출된다.

블랙컬러가 아니어서 다음 컬러 시술에도 문제가 적다.

Women's
레드핑크 컬러
Long Style

개성적이고 정열적인 레드와
소녀스러운 핑크를 믹스한
컬러로, 성숙한 여성의 이미지를
만들어주는 마성의 컬러.
색감이 선명해서
흐릿한 이목구비를 뚜렷하게
만들어준다.

Women's
딥그린 그라데이션 컬러
Long Style

자연스럽게 그라데이션으로
탈색작업을 한 후
블리치부분에
딥한그린색을 입혀
특별하고 고급스럽고 컬러의
이미지를 연출.

Women's
엘로우 오렌지 컬러 & 웨이브 스타일링
Long Style

베라이트한 브라운을 기본 베이스로 엘로우 오렌지를 클리어와 믹스하여 투명감 있는 파스텔 컬러로 컬러 표현. 투명감있는 컬러가 전체적인 분위기를 화사하게 만들어 주기 때문에 여성스러우면서도 영한 이미지가 연출된다.

Women's
매트브론드 & 핑크포인트컬러
Long Style

매트한 블론드컬러와 옴브레 기법의 포인트 애쉬핑크 컬러의 조화. 부드러우면서도 그 안에 개성을 살릴 수 있는 이미지를 느낄 수 투톤 포인트 컬러의 느낌을 추천.

Women's

오렌지브라운 & 점보롤펌

Long Style

4레벨정도의 베이스에 오렌지브라운으로 시술한 스타일.
피부톤이 웜톤인 분들에게 어울리는 컬러.
굵은 스타일에 열펌 디자인과도 매치가 좋음

Women's

히피펌 스타일

Long Style

텍스쳐 있게 흐르는 웨이브 히피펌.
포니테일로 가볍게 묶었을 때 더욱 캐쥬얼하고
자유로운 여성이 잘 표현되는 멋스러운 스타일.
여름철에 시원한 분위기로 잘 어울린다.

Women's

러블리 바디펌

Long Style

루즈한 네추럴함 보다는 생기 있는 이미지를
만들어주기 위해 컬을 탄력있게 넣어줌으로서
러블리한 스타일을 완성!
레드 계열의 염색을 함께 해주시면 더욱 생기있는
스타일이 연출.

Women's

레이어드 바디펌

Long Style

레이어드 컷을 하고 크고 굵은 C컬과 S컬을 믹스하여
내추럴하게 열펌을 루즈하게 시술.
무겁고 탱글탱글 펌이 싫으신 고객에게 추천.
층을 냈지만 너무 가벼운 질감보다는
무게감이 있는 텍스쳐로 펌을 시술하는 것이 좋다.

Women's
다크 초코브라운 & 롤링 열펌
Long Style

밝은컬러를 다크 초코브라운으로
다운시켜 피부톤을 더 깨끗하고
화사하게 만들어주고
레이어드에 질감을 살린 커트에
굵은 웨이브를 열펌으로 시술.
여성스러움과 단아함을 동시에
갖춘 스타일.

Women's
블루퍼플 애쉬컬러
Long Style

전체적으로 탈색을 하고
컬러를 넣는것을 부담스러워
했던 분들께 추천.
원하시는 모발양에 따라
보여지는 컬러의 양을
조절할 수 있다.
신비로운 청보라 애쉬에
레이어드컷을 더해주어
색을 더 자연스럽게 표현.

Women's

매트골드 라이트 블론드

Long Style

매트블론드컬러가 자연스럽게
탈색이 어느정도 되어있는 모발이라면,
매트색상의 특징인 투명감이 많이 연출되어
서양모발과 같은 하늘하늘한 네추럴실루엣이 연출됩니다

Women's

네추럴 S컬펌

Long Style

자연스러운 S 네추럴펌입니다.
러블리한 느낌과 자연스러운 굵은 웨이브가 특징인
스타일입니다 .
밀크브라운컬러와 함께 부드럽고
네추럴하고 텍스있는 분위기.

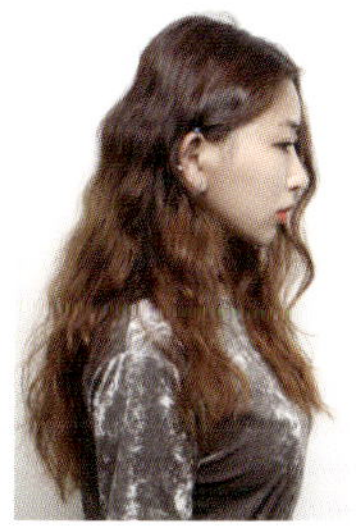
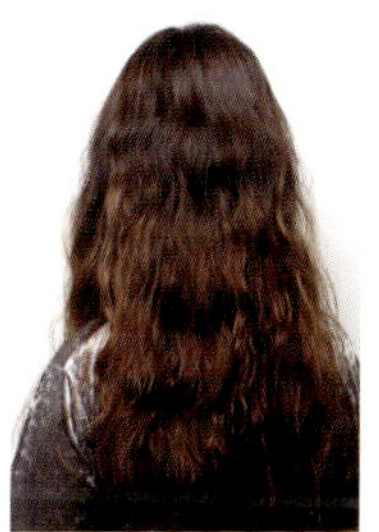

Women's

히피펌 스타일

Long Style

히피펌스타일에 웨트한 질감으로 스타일링하여
시니컬하면서도 자유분방한 느낌을 연출하였습니다.
손질이 특별히 어렵지 않고 볼륨감이 있어
캐주얼한 연출을 원하시는 고객님께
추천해 드리는 스타일입니다.

Women's

핑크 브라운컬러

Long Style

발랄한 핑크브라운컬러로 생기감 있고
화사한 분위기를 나타내고 굵고
자연스러운 웨이브펌과 함께 러블리함과 화사함을 연출하여
사랑스러운 여성의 이미지 표현.

Women's

소프트 레이어드펌 스타일

Long Style

층이 많고 가벼운 질감의 레이어드컷과는 달리 무게감을 가지며 적은 층으로 볼륨은 살리고 우아함을 돋보이게 해주는 소프트 레이어드 컷입니다.
모질에 따라 약간의 편차로 컬이 나올수 있다.
조금더 리치한 펌 분위기가 가능한 펌스타일.

Women's
쇼콜라 브라운
Long Style

보라빛이 가미된 브라운컬러로 성숙한 이미지를 보여주고
네추럴한 스타일에
은은한 윤기감을 연출할수 있는 컬러로 부드러운 인상을
만들어줍니다.

Women's
하이레이어 & 레드 오렌지 브라운
Long Style

생동감 넘치는 스타일을 위해
하이레이어 형태의 컷과
가벼움 질감에 생기있고 윤기감
넘치는 레드오렌지브라운으로
색을 더하다.
더욱 빛나는 헤어스타일을 연출.

Women's

레이어 루즈펌

Long Style

가벼운질감으로
레이어컷을 한 스타일로
끝머리가 뭉치지않고,
자연스럽게 떨어지는
레이어 루즈펌으로
슬림한 느낌의 펌 연출

Women's

레이어 무드펌

Long Style

레이어드컷에 굵고
네추럴한 무드의 C컬펌 스타일.
호불호없이 누구에게나
사랑받는 스타일로
펌을 처음 시도하시는
여성분들께 적극 추천.

Women's

화이트애쉬베이지

Long Style

신생모가 자라있는 탈색이 되어있는 모발에 색감만 입혀주는 컬러체인지로 투명감있는 화이트 에쉬와 베이지컬러가 자연스럽게 표현된 스타일.

Women's

그라데이션 디자인& 사이드뱅

Long Style

모근쪽에서 모발하단으로 갈수록 모발의 밝기를 주어 자연스럽게 컬러가 배치된 헤어스타일이다.
사이드에 흐르는 사이드뱅 느낌을 분위기를 한층 더했다.

Women's
레드핑크 컬러
Long Style

탈색으로 베이스작업을
모발 끝으로 갈 수록 밝게 염색후,
비비드한 레드컬러로 시술하면
자연스럽게 레드와 핑크컬러가
그라데이션되게 표현된다.
화려한 무드를 나타내고
흰 피부를 더욱더 화사해보이고
강조시킬 수 있는 컬러.

Women's
머쉬룸 하일라이트 컬러
Long Style

버섯의 컬러를 닮았다하여
붙여진 명칭.
호일워크 기법으로 블리치 작업을
콘트라스 있게 시술 후,
토닝 기법을 이용하여
베이스컬러에 영향을
최소화하면서 머쉬룸 컬러를
표현하였다.

Women's

발레아쥬 레드 컬러

Long Style

레드컬러는 블리치 베이스가 16레벨이 가장 적당하다.
너무 가볍지않게 가장 아름다운 붉은 색을 담아낸다.
손상을 최소화하면서도 특별한 컬러를 원하는
고객들에게 추천.

Women's

디자인 믹스 포인트컬러

Long Style

애쉬계열의 베이스컬러와 퍼플, 레드컬러 등
다양한 컬러를 프리핸드 테크닉으로 불규칙하게 넣어
유니크한 헤어컬러 연출. 디자이너의 감성에 따라,
고객의 니즈에 따라 디자인은 충분히 다양해질 수 있다.

Women's

시스루뱅과 S컬 바디펌

Long Style

열펌으로 굵은 웨이브를 표현.
여기에 앞머리를 시스루한 느낌으로 자르고
페이스라인을 감싸듯이 컷트하여 성숙하지만
소녀와 같은 감성도 함께 연출하기에 좋은 스타일.

Women's

레드 브라운 & 엔젤링 쇼트

Long Style

그레이스컬러는 노란 피부톤을 보정하고자
보라빛이 살짝 가미된 애쉬브라운 느낌의 컬러.
투명감이 있기 때문에 얼굴 톤을 화사하게 만들어주고
생기있는 이미지를 만들어준다 색감이 빠져도
브라운 컬러를 오래 유지할 수 있는 장점이 있다.

Women's

레이어드 C컬펌

Long Style

여신머리의 정석인 레이어드커트에 C컬펌을 해주어 자연스러운 굵은 웨이브를 만들어준 스타일로 여성스러움과 우아함을 표현. 날리지 않는 무게감을 가지며 손질이 비교적 편리하다.

Women's
브론즈베이지컬러
Long Style

인형같은 헤어컬러를
표현하고자 투명감있는
베이지컬러로 색을 입히고
큐트한 이미지, 서양인의
매력있는 헤어컬러 표현.
탈색후 토닝작업으로 색상을
자연스럽게 입혀준다.

Women's
히메컷 & 레이어드 스타일
Long Style

가벼워 보이는 레이어드컷이지만
얼굴옆선에 따로 떨어지는
컷트질감을 만들어
얼굴 소멸효과를 줄수 있다.
포니테일시에도 예쁘게
매치되는 컷트라인.
C컬정도의 간단한 스타일
드라이만으로도 예쁜 스타일을
만들 수 있다.

Women's
블루컬러 옴브레
Long Style

다크애쉬와 선명한 블루컬러로
단차가 확실하며 개성있고
시크하며 쿨한분위기의 컬러.
발레아쥬 된 부분이 블리치로
레벨에 톤차이로 좀더
자연스럽게 블루 컬러가
연출되었다.

Women's
레드 버건디 브라운
Long Style

레드버건디 컬러는
깊이감 있이 고급스러운느낌을
표현할 수 있고
C컬펌 디자인과 조화로
성숙하고 고급스러운 분위기를
연출 할 수 있다.
고급스럽고 깊이감이
살아있는 컬러.

Women's
메이플 브라운 컬러
Long Style

가을을 닮은 메이플색감의
브라운컬러로 따듯하면서도
차가운 한색의색감이 감돌아
가을의 컬러로 추천.
끝이 가벼운 질감의
레이어드컷으로 차분한 분위기에
시니컬한 무드를 조금더 연출함.

Women's
밀크 브라운 컬러 & 여신 스타일
Long Style

부드럽고 따듯한 색감의
밀크브라운컬러.
누구에게나 호불호없이
사랑 받는 컬러입니다 .
레이어드컷에 네추럴한 롱웨이브
스타일로 여신스럽게 분위기 연출.
펌 스타일이라면 열펌으로
시술하고,중간 고정력의 스타일링
제품으로 스타일링하는 것이 좋다.

Women's

롱레이어드 s컬펌

Long Style

롱기장의 여성스런 미가
강조되는 s컬펌 스타일입니다.
네추럴한 실루엣과 볼륨감 있어
꾸준히 사랑받는 헤어스타일.
곱슬머리라면 볼륨매직과
디지털펌을 믹스한 펌을
시술하는 것이 좋다.

Women's

사파이어 다크애쉬컬러& 루즈 웨이브

Long Style

붉은기가 많은 동양인 모발에
최적화된 컬러로서
어둡지만 투명감이 있어
서양모발과 같은 분위기를 연출.
웨트한 질감의 웨이브를
웨트스타일링 제품으로
스타일링하여 촉촉하고 루즈한
스타일을 연출 .

Women's
애쉬퍼플 컬러
Long Style

퍼플컬러에 애쉬톤을 믹스하여 좀더 부드럽고하고 우아한 느낌이 들도록 연출하였다.
뿌리부터 명도가 자연스럽게 연출되어 처음 탈색에 접한 고객에게도부담스럽지 않은 컬러.
필요에따라 포인트 블리치 후 시술하면 더욱 좋다.

Women's
다크 브라운 컬러
Long Style

차분하고 윤기감이 깊이 나오는 다크 브라운컬러.
실내에서는 거의 어두운 블랙 느낌으로, 야외에서는 브라운빛이 살짝 감도는 건강한 매력이 있는 컬러.

Women's

옴브레 레드컬러

Long Style

옴브레기법으로 블리치 작업 후,
비비드한 레드컬러는 입히다.
블랙에는 톤업이 되지 않아
블랙과 자연스럽게 어울림을 준다.
뿌리염색을 하지 않아도 되는
장점을 가지고 있으며
유니크하고, 시선 받는
멋스러운 스타일.

Women's

애쉬바이올렛

Long Style

부담스러울 수 있는 퍼플컬러에 한
색의 애쉬컬러를 믹스하여
부담스럽지않고 동양인피부에
최적화된 파스텔톤의
바이올렛컬러를 표현.
4계절 상관없이 어느 계절에도
잘 어울리는 컬러.
층을 살짝 무게감을 주어 컷트하여
엘리건트한 이미지가 표현된다.

Women's
옴브레 컬러
Long Style

모발의 상하단에 톤과 컬러 차이를 확실히 내는 기법.
대부분 옴브레와 발레아쥬 기법을 섞어서 사용하는게 일반적이다.
자연스럽게 블리치 작업 후 라이트한 매트브라운으 입혀준 스타일.
전체 탈색이 부담스러우시거나 뿌리가 부자연스럽게 자라나는 것을 싫어하시는 고객에게 추천.

Women's
내추럴 디지털펌
Long Style

롱헤어 기장의 모발에 굵게 펌을 넣어줌으로써 여성스러움을 돋보이게 해주는 스타일.
돌돌 돌려 말려주기만 하면 탄력 있는 컬이 만들어져 스타일링에는 어렵지 않아 손질이 편한 내추럴 디지털펌 스타일.

Women's

올리브 브라운

Long Style

매트컬러와 비슷하나 약간 더 엘로우가 조금더 있다는 것이 차이. 적빛이 도는 모발은 카키만 사용하면, 탁해질 수 있기 때문에 올리브 브라운 컬러로 탁한 기운을 줄여주는 것이 중요하다

Women's

C컬 바디펌

Long Style

무게감이 너무 떨어지지 않게 컷팅하여, 너무 가볍지 않게 컷트를 디자인하고,하단에만 C컬을 디자인하여 펌 시술. 분위기있고 고급스러운 이미지를 연출.

Women's

히메컷 & 네추럴 웨이브

Long Style

옆머리 부분을 무겁게 단차로 층을 내주어 커트하여 얼굴형을 보완해주고 얼굴이 작아보이게 해주는 스타일. 얼굴 소멸기법 포인트가 될수 있다. 묶었을 때에도 자연스럽게 얼굴라인으로 떨어져 스타일리쉬해 보인다. 자연스러운 웨이브펌과도 매치가 좋다.

Women's

허쉬컷 & 오렌지 크리미 컬러

Long Style

레이어드된 컷트형태. 페이스라인을 감싸는 허쉬컷 디자인으로 얼굴이 작아보이는 효과를 극대화한다. 탈색이 베이스가 된 모발에 오렌지컬러를 이용하여 토닝작업을 하였다.

Women's

롱 웨이브펌 스타일

Long Style

가슴선 정도의 기장길이에 굵은 웨이브 펌 스타일로 자연스럽고 굵은 웨이브가 여성미를 한층더 업그레이드 시켜줍니다. 모발이 비교적 굵은 분들이 텍스쳐를 표현하기에 유리하다.

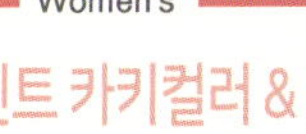

Women's

포인트 카키컬러 & 그라데이션 컷트

Long Style

원랭스에 가깝게 컷팅하여 한단에 그라데이션 층과 질감을 준다. 네이프부분 모발 하단에 탈색이 베이스가된 상태에서 카키컬러를 더하였다. 은은히 보이는 컬러가 매력적이다.

Women's

레이어드컷 & 블루블랙

Long Style

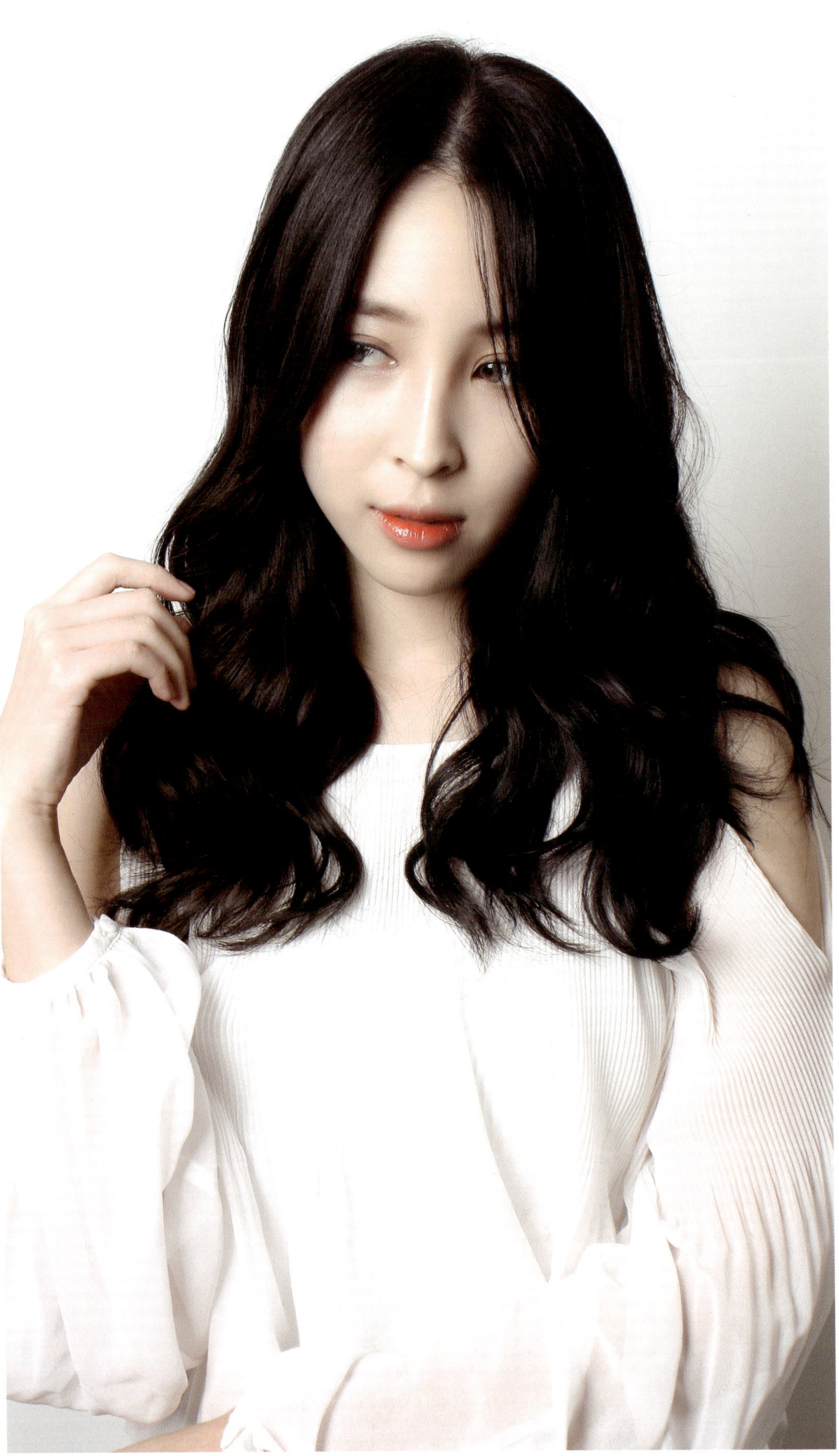

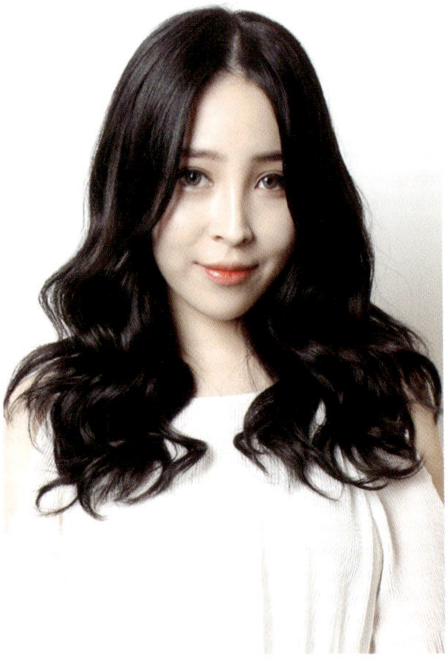

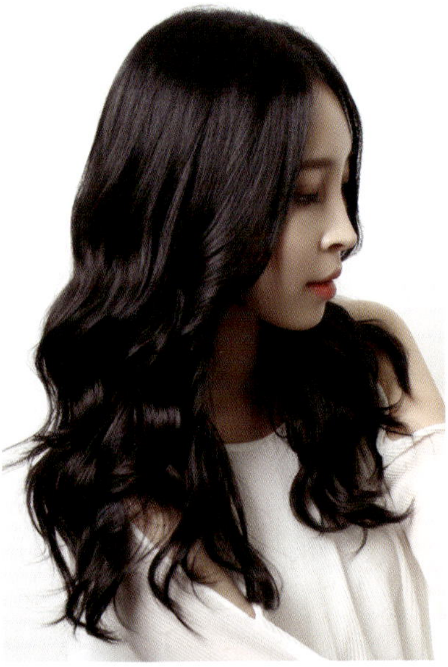

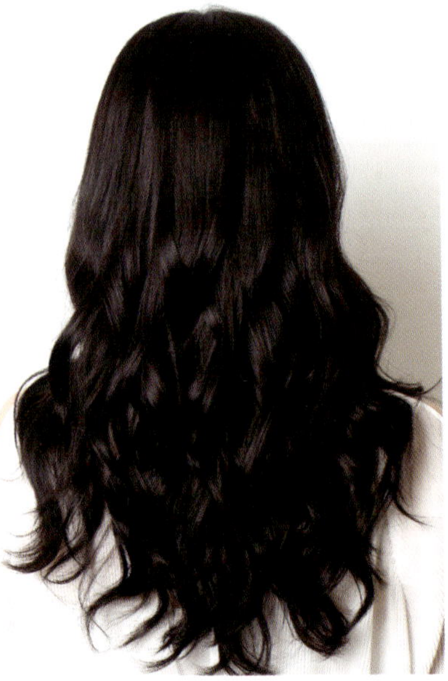

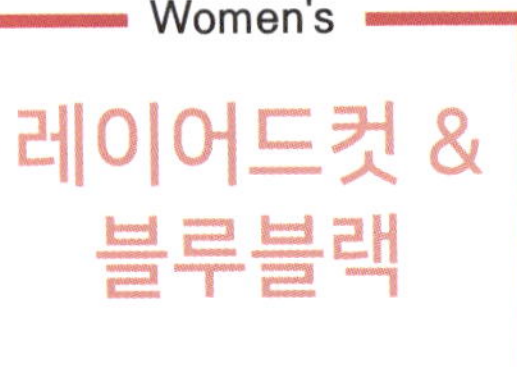

너무 무겁지 않게 레이어드층을 살짝만 내어

리치한 형태를 만들어주고, 블루블랙으로 윤기감 있는 스타일을 연출.

스트레이트형은 쿨한 이미지가 있기때문에, 웨이브로 스타일링하면 보다 여성스러운 분위기 연출이 가능.

Women's

롱네추럴 S컬펌

Long Style

롱기장 레이어드컷과 S컬펌은 찰떡궁합.
사랑스럽고,여성성을 가장 대표하는 스타일.
비교적 열펌을 이용하여 시술하고, 특별한 손질없이 리버스 방향으로 돌려가며 손질하면 스타일 완성.

Women's

롱 c컬펌스타일

Long Style

너무 가볍지 않은 레이어컷트에 c컬을 넣어 자연스러우면서도 우아한 느낌이 표현됩니다.
누구에게나 자연스럽게 표현가능한 스타일.
페이스라인에 레이어 컷을 조금더 더하면, 페이스라인에서 흐르는 웨이브가 더욱 예쁘게 연출된다

Women's
롱레이어드 웨이브펌
Long Style

가볍지 않게 살짝 층을 내어 열펌을 이용해 굵은 웨이브를 만들어 자연스러우면서 여성스럽게 완성한 스타일. 두피부터 털어서 말린 뒤 리버스방향으로 돌려가며 말려주면 손질 끝. 스타일 완성.

Women's
에쉬브라운 & 발레아쥬 실버
Long Style

발레아쥬 기법 탈색후으로 뿌리부터 자연스럽게 실버컬러를 입혀 네추럴하고 무드 있는 느낌을 표현함. 탈색작업으로 톤차이를 낸 베이스에 작업하면 효과적이다.

Women's
밀키브라운
Long Style

우유를 섞은 듯한 부드러운 갈색으로 동양인 피부에도 잘 어울리는 컬러로 탈색을 시술한 모발에는 더욱더 투명감 있게 표현이 잘 됩니다.
칙칙한 피부톤의 고객에게 더욱 효과적인 컬러.

Women's
원렝스 바디펌
Long Style

원렝스라인에 질감처리로 세로선의 텍스쳐를 낸 컷트 형태에서 굵은 롯드를 이용한 열펌으로 시술한 스타일.
굵은 S컬을 넣어줌으로써 차분하고 고급스러운 이미지를 연출.

Women's

시어 모브 크리미브라운

Long Style

퍼플과 블루의 신비로운 조화로 크리미한 느낌을 연출하는 시어모브컬러.

피부톤에 생기를 주고 모발은 익은 듯한 과일의 윤기감을 느낄수 있다.

텍스쳐 있는 웨이브 스타일링으로 스타일을 더했다

Women's
텍스쳐 웨이브 옴브레 이노센트컬러
Long Style

모발하단에 옴브레디자인으로
블리치작업을 하고,
이노센트 애쉬컬러로
전체모발에 색을 입혀
하단부분에는 신비로운
이노센트에쉬 컬러 연출.
텍스펴있는 웨이브 스타일링과
찰떡궁합.

Women's
밀크 시어보브
Long Style

블리치1회 시술한 베이스컬러에
빛 바랜듯 은은한 초코렛빛의
시어로브컬러.
쿨한 이미지와 리치한
레이어컷이 매치된 건강한
여성의 이미지.

Women's
퍼플 에쉬 발레아쥬
Long Style

신비로운 퍼플에쉬컬러를
발레아쥬 기법을 이용하여
시술한 스타일.
뿌리쪽은 자연스럽게
그라데이션하여 신생모가 자라도
티나지않은 것이 특징.
색다른 컬러감을 원하시는
분들께 추천.

Women's
노블플럼 컬러
Long Style

중채도 퍼플의 보랏빛나는
브라운컬러입니다,
컬러의 윤기감과 동양인에게
잘 어울리는 건강하고 매력적인
노블플럼컬러를 추천.
굵게 흐르는 웨이브로
분위기 업.

Women's
볼륨매직+처피뱅
Long Style

찰랑거리는 질감의
볼륨매직 시술로 차가운인
인상을 줄 수도 있지만,
처피뱅스타일을 더해주어
엣지 있고 개성 넘치는 쿨한
이미지를 연출할 수 있다.

Women's
매트브라운 & 물결 웨이브
Long Style

크림을 섞은 듯한
부드러운 질감과 은은하면서
고급스러워보이는
매트 라이트 브라운컬러.
약간 흐트러진 물결
웨이브형태와 매치하여
고급스러러운
헤어스타일 표현.

Women's
히피펌 스타일
Long Style

레트로느낌의 히피펌은
다이어트펌 이라고도 불리며
얼굴을 작아보이게 해주는
효과가 큰 스타일이다
때로는 부스스한 스타일을
연출해주고 때로는 포니테일로
전문가 이미지도 연출이 가능.
또한 의상 매치에 따라
러블리한 스타일도 연출가능.

Women's
매트 그라데이션 투톤브라운
Long Style

모근부터 자연스럽게
투톤으로 그라데이션 된 컬러,
자연스럽게 모발이 하단으로
갈수록 블리치로 톤업하여
베이스 작업을 하고
기존의 브라운과 조화로운
그라데이션컬러 표현.

Women's

노블카시스 컬러

Long Style

중채도 핑크퍼플컬러의 노블카시스컬러.
동양인에게 잘 어울리며 윤기가 나는 컬러이므로
모발이 건강해 보이는 효과가 있답니다.
연남들과 조금 다른 분위기의 컬러감을 표현해보자.

Women's

라벤더 엘로이 천연컬러

Long Style

발레아쥬블리치테크닉 + 엘로이천연컬러를
함께 시술한 스타일.
엘로이 천연컬러의 장점인 손상없이 컬러를 더할 수 있다.
파스텔의 천연라벤더 애쉬컬러를 연출.

Women's

롱 레이어드컷 & 디지털펌

Long Style

레이어드컷과 어울리는 텍스쳐 웨이브 스타일.
생기감이 있어 다양한 의상과 잘 매치되며
여성들에게 꾸준히 사랑받는 헤어스타일.

Women's

로우레이어드 s컬펌

Long Style

낮은 층의 레이어드컷에 S펌으로 볼륨감과
네추럴한 실루엣을 한번에 연출할 수 있는 스타일입니다.
얼굴형이 길고 볼살이 많지 않아 옆볼륨감이 많이 필요하신
고객에게 추천. 별도로 사이드에 층을 내어 컬을 넣어주면
사이드 볼륨감을 조금더 표현할 수 있다.

Women's

레드퍼플 엘로이 천연컬러

Long Style

발레아쥬블리치테크닉 + 엘로이 천연컬러를 함께 시술한 스타일.

신생모가 자랐지만 자연스럽게 컬러가 연출.

탈색과 화학염색이 손상이 걱정되어 꺼려하시는 분들께 추천.

Women's
롱 레이어드컷
Long Style

가벼운 텍스처의 질감으로
여리여리한 이미지를 표현하고
페이스라인에 층을 만들어
얼굴형의 커버할수 있도록
질감을 만든 컷트 디자인
헤어스타일.

Women's
퍼플애쉬 옴브레
Long Style

모발하단 부분에만 블리치로
옴브레작업.
전체적으로 그라데이션 된 듯
컬러를 자연스럽게 입혀준다
고급스러운 섹시함.
어두운 피부톤을 좀더
화사하게 보일 수 있는
매력적인 컬러.

Women's
애쉬 그라데이션 컬러
Long Style

탈색을 베이스로하여 에쉬컬러를 시술. 베이스에 애쉬컬러 모근, 중간, 하단으로 나누어 3가지의 애쉬를 명도 차이있게 발라준다. 애쉬의 자연스러운 투톤의 조화로 신비로운그라데이션 컬러 연출.

Women's
텍스처글램 웨이브 스타일
Long Style

텍스처와 풍성함이 있는 스타일링으로 생기 있고 여성스러움을 강조한 스타일. 열펌을 이용해 비교적 굵기가 중간인 롯드를 사용하면 비교적 가장 흡사한 느낌으로 탄력 있는 웨이브가 연출된다.

Women's

옐로우 매트투톤컬러

Long Style

옴브레와 발레아쥬 기법을 통해
표현해낸 컬러.
고급스럽고 글레머스한 여성의
이미지와도 호흡이 좋은 컬러.
색다른 컬러 디자인으로
자신만의 컬러를 만들어 보자.

Women's

블론드옴브레

Long Style

레이어드 된 롱 헤어에
뿌리부터 서서히 자연스럽게
그라데이션 된 옴브레스타일.
점점 밝아 지는 느낌으로
세련되고 멋스러워보인다.
역시 옴브레 스타일에는
웨이브 스타일링이
가장 컬러감을 잘 살려낸다.

Women's

롱레이어드 C컬펌

Long Style

질감처리를 최대한 억제한 레이어드 층에

열펌을 이용해 C컬펌을 시술하였다

끝머리가 흩날리는 것보다는 차분한 컬을 선호하시는 분들께 추천.

Women's
포인트 핑크 베이지 컬러
Long Style

베이지 블론드 베이스에
안쪽 섹션으로 핑크베이지컬러를
포인트로 넣어 컬러로
텍스쳐를 줌.
엣지 있는 화사함을 더해주고
기존의 컬러에 생명감을
더해주었다.

Women's
매트브라운컬러 & 텍스쳐 웨이브
Long Style

매트한색감의 브라운컬러로
투명감이 있고
캐쥬얼한 분위기 표현.
레이어드컷과 텍스쳐 웨이브를
시술하여 좀더 캐주얼하고
여성스러운 분위기를 연출하였다.
모발이 얇은 편이라면
열펌을 추천.

Women's
애쉬 & 루트 섀도우 디자인
Long Style

모근라인을 제외하고
모발끝까지 애쉬로
자연스럽게 컬러작업.
모근 부분은 명도가 조금 더
낮은 퍼플빛 에쉬로 모근부분을
디자인한 스타일.

Women's
롱 네추럴 웨이브 &허쉬 뱅 컷
Long Style

뱅스타일을 얼굴 형이
커버되게 컷팅.
전체적으로 레이어드컷에
네추럴한 웨이브(모발에 따라
열펌이나 약제펌으로 가능)로
자연스럽고 밝은여성의
분위기를 나타내고 있다.

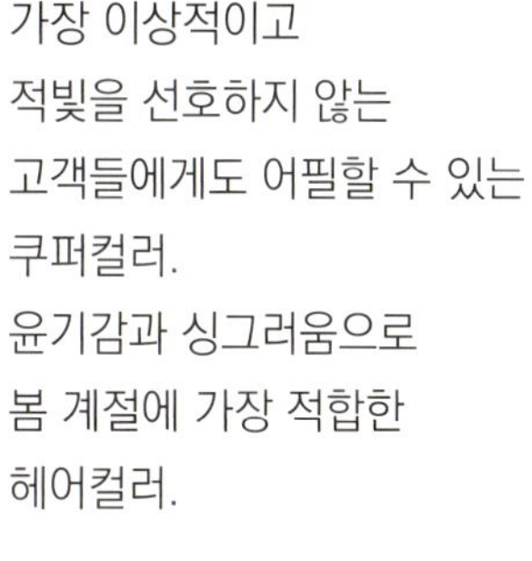

Women's

오렌지 쿠퍼 컬러

Long Style

가장 이상적이고
적빛을 선호하지 않는
고객들에게도 어필할 수 있는
쿠퍼컬러.
윤기감과 싱그러움으로
봄 계절에 가장 적합한
헤어컬러.

Women's

플레티넘 에쉬 컬러

Long Style

에쉬계열의 컬러는
각 브랜드마다 다양한 컬러를
취급하고 있다.
프리미엄 컬러 라인에서는
조금더 윤기감이 확실한
에쉬계열도 다양하게 있기 때문에
조금 더 선명한 에쉬를 원하는
고객들에게 윤기감을 더하는
에쉬를 추천해보자.

Women's

웨트 롱 글럼펌

Long Style

레이어드컷 스타일에 네추럴한 굵고 루즈한 스타일은 펌 시술.
모발이 살짝 물기가 있는 상태에서 웨트왁스로 쥐어쥐듯 스타일링하면 좋다.
시크한여성미가 나타내는 스타일. 자칫 너무 개성적인 질감일 수도 있는 웨트한 질감이지만
시원해 보이면서 여름철에는 특히 손질하기가 싶다.

Women's

라이트 그라데이션브라운 &옴브레

Long Style

네추럴한 브라운컬러를
옴브레 테크닉으로 톤차이를 주어
컬러 표현.
여름에 가장 인기 많은
라이트한 옴브레 컬러.
자련스러운 스트레이트형
스타일링과도 잘 매치된다.

Women's

롱 레이어드 웨이브펌

Long Style

로우 레이어드컷에
가벼운 질감으로 컷트 완성.
네추럴한 웨이브스타일
펌 스타일로 여성스러운
분위기를 나타내고
살짝 웨트한 질감의 제품으로
스타일링하여
여성스러우면서도 시크한 무드를
연출하였습니다.

Women's

롱 레이어드 디지털 펌

Long Style

롱기장에서 레이어드층과 질감처리를 한 가벼운 형태의 컷트에 디지털펌으로 굵고 탄력있는 컬을 더하였다. 여성스럽고 자연스러워 누구에게나 호불호없이 사랑 받는 웨이브.

Women's

오렌지 옴브레헤어

Long Style

뿌리부터 자연스럽게 그라데이션 되는 오렌지 옴브레 컬러입니다. 뿌리 부분부터 밝지 않고 자연스러워 처음 탈색을 접하는 고객들에게 추천. 여름철 가장 싱그러움과 개성을 동시에 줄 수 있는 컬러 중 하나. 레이어컷에 무심하게 툭 떨어지는 가닥지는 처피뱅스타일로 유니크한 개성을 강조하여 연출.

My Hair Style 7

Men's style

Start 124 ~ Close 171

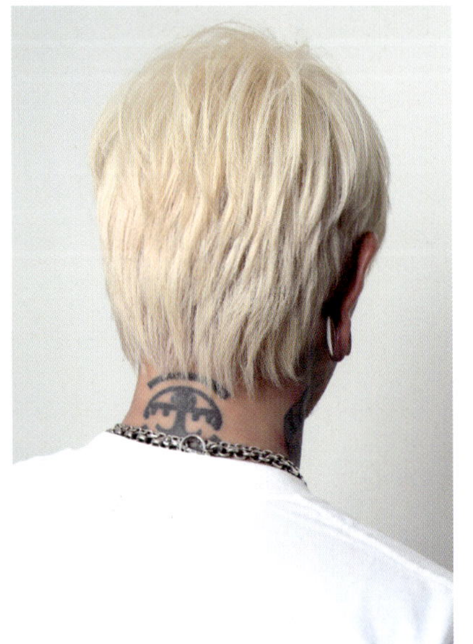

Men's Style

유니크 아이보리 컬러

탈색 작업과 라이트한 보색 토닝 작업으로

노란기가 거의 없이 뺀 투명감 있게 화사한 아이보리 컬러는

심플하지만 유니크한 느낌이 물씬 풍긴다.

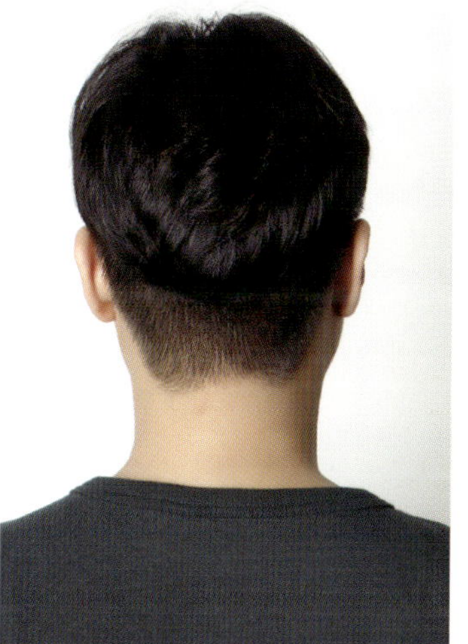

Men's Style

투블럭 가르마 헤어

베이직한 투블럭스타일의 컷트.
생머리에 펌으로 볼륨감과
자연스러운 생기감을
반곱슬 모질에게는 컷트만으로도
가능한 스타일.

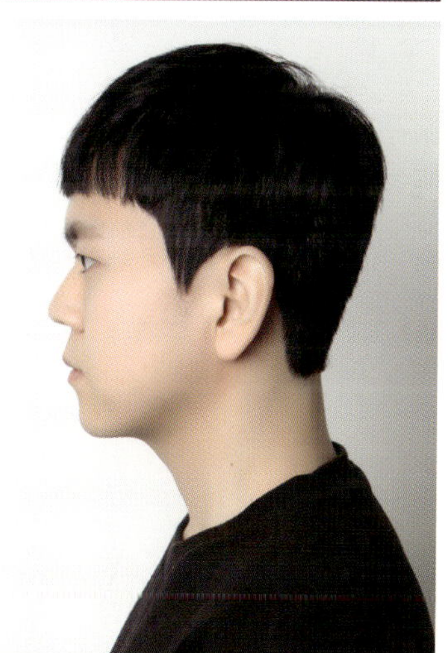
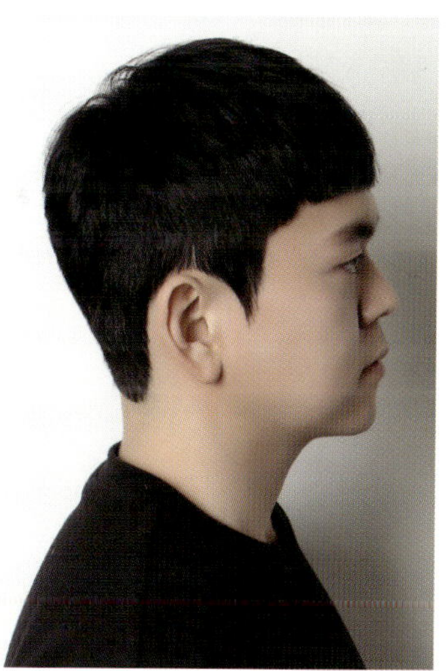
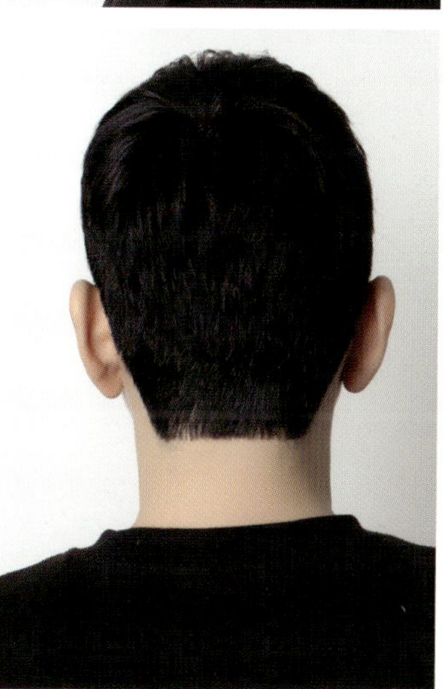

Men's Style

크롭컷 스타일

깔끔하면서도 시크한 스타일.
쇼트한 기장으로
라인의 선을 살려 컷팅.
다운펌으로 두피에 밀착된 듯한
형태로 펌 추천.

Men's Style

댄디 심플 스타일

투블럭 라인과 약간의
단차를 준다.
약간의 질감처리로
딱딱해 보이거나
너무 무거워 보이지 않으면서
볼륨감 있어 보이는 무난한
캐주얼 스타일.

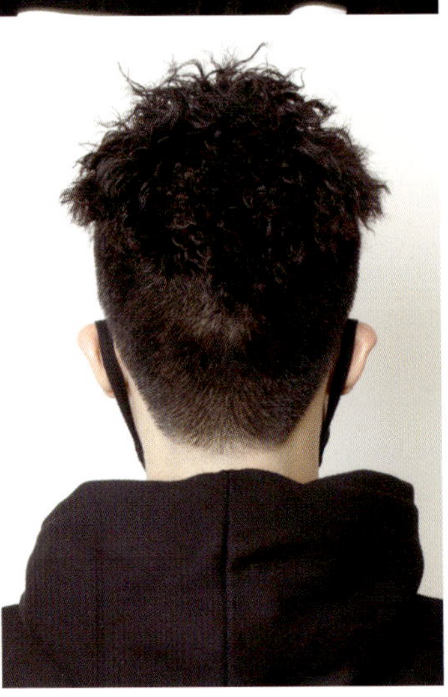

Men's Style

호일펌 스타일

투블럭 컷스타일에 러프한
이미지를 호일펌으로 더하다.
러프한 볼륨감을 준 개성 있는
호일펌 스타일.
힙합에 잘어울리는 개성만점
스타일.

Men's Style

라이트 브라운/포인트컬러

짧은 크롭컷 스타일에
라이트 브라운컬러를 하고
프론트센터에 살짝의 포인트
컬러를 넣어 밋밋하지 않고
깔끔하고 숏트한
댄디 이미지 연출.

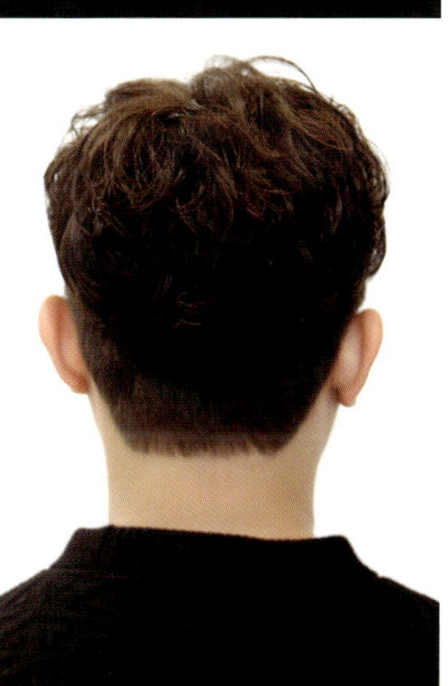

Men's Style

그루브 웨이브

투블럭 컷에
움직임이 살아 있는 듯한 느낌의
내추럴하고 구르브한 웨이브
스타일입니다.
컷트 질감의 단차가 텍스쳐를
좌우한다.

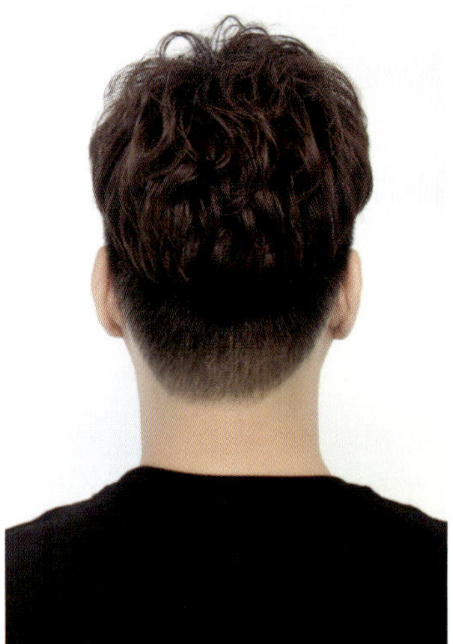

Men's Style

투블럭 댄디 볼륨펌

댄디 투블럭 컷 스타일에
자연스러운 볼륨펌을 더하다.
가볍게 질감처리를 한
캐주얼 스타일.
왁스로 손질이 쉽게
스타일링 된다.

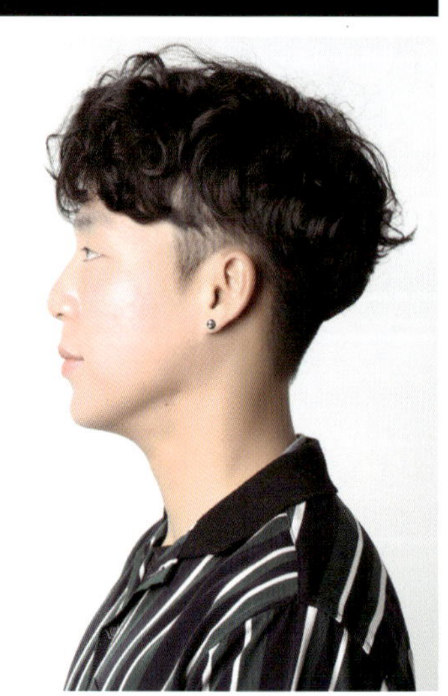

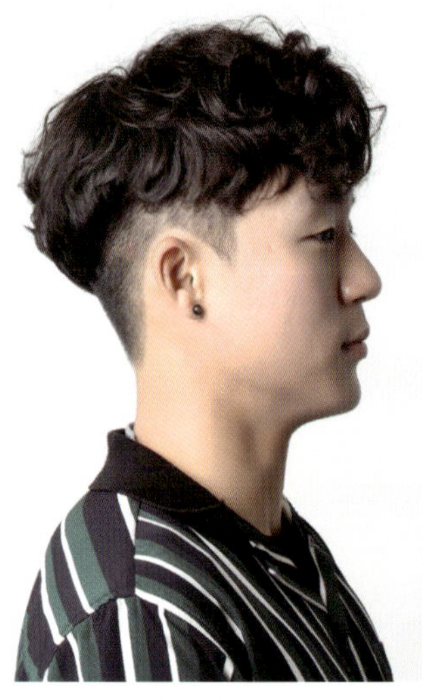

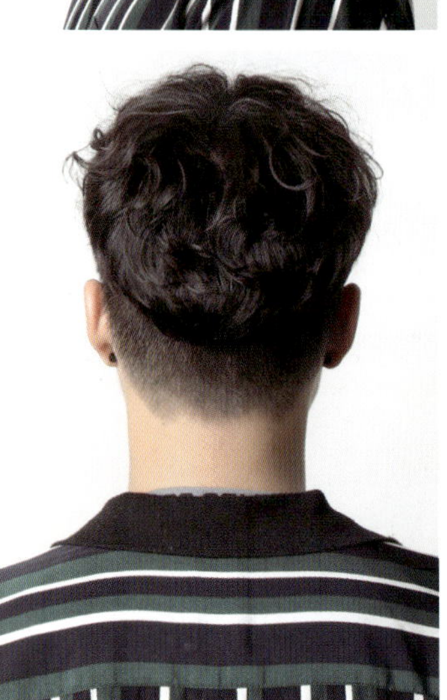

Men's Style

쉐도우 텍스쳐펌 스타일

투블럭컷트 스타일에 펌으로 컬을
텍스쳐 있게 표현.
댄디하면서도 귀여움과
캐쥬얼함을 표현한 스타일.
왁스로 텍스쳐를 살려 스타일링.

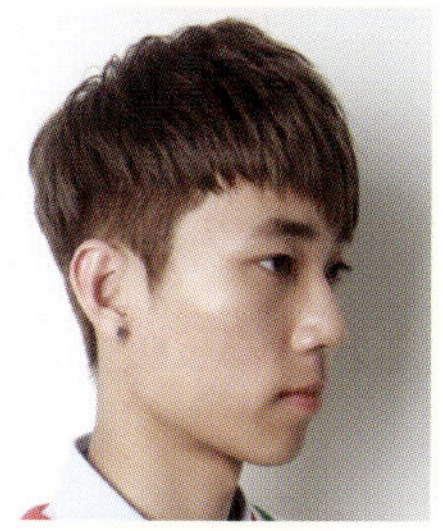

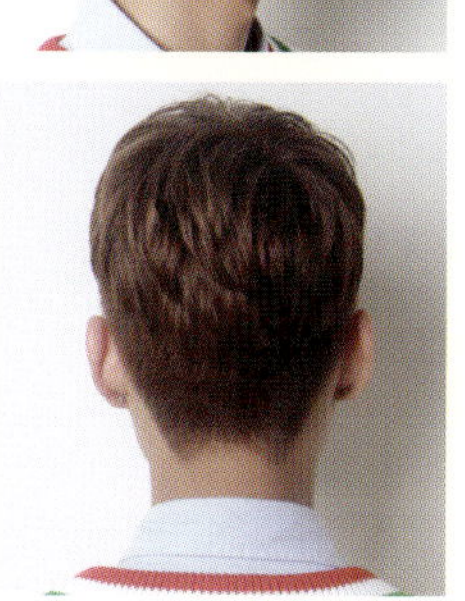

Men's Style

골드 매트브라운

투블럭 디자인. 페이스라인에 언발컷트 스타일로
세련되고 멋스러움이 느껴지는
골드 매트 브라운 컬러입니다.
까무잡잡한 피부톤을 가진 분들께 추천.

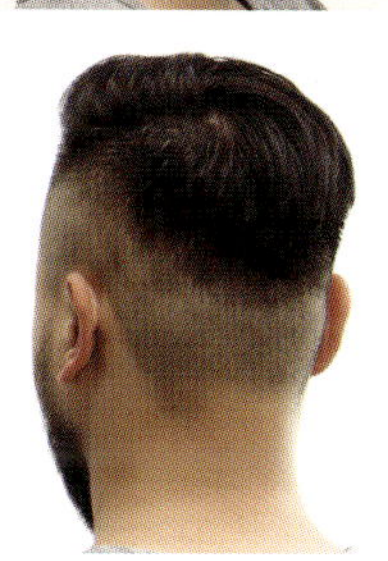

Men's Style

포마드 리젠트컷

남자들의 로망~클래식한 스타일의 컷트 디자인.
포마드를 이용해 쉽게 셋팅이 가능한
포스 강한 헤어 스타일.
수염과 함께 연출되면 더욱 멋스럽다

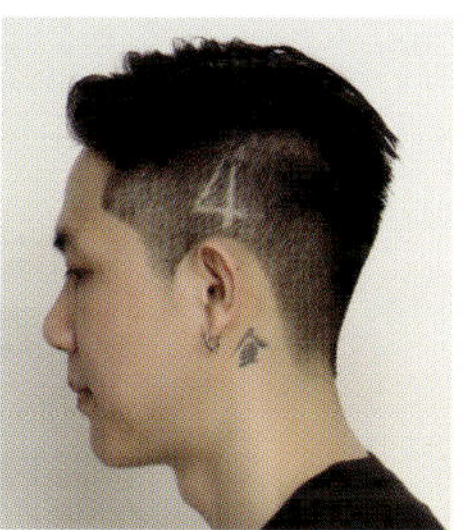

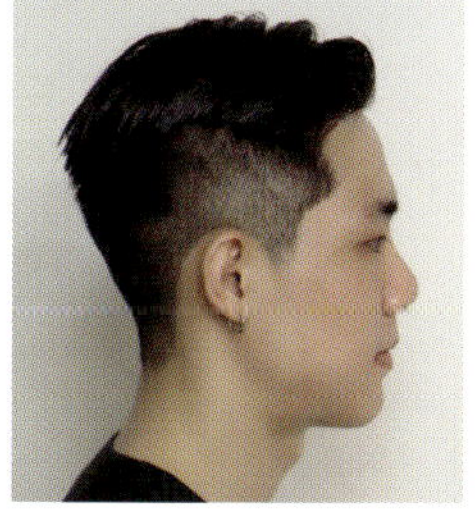

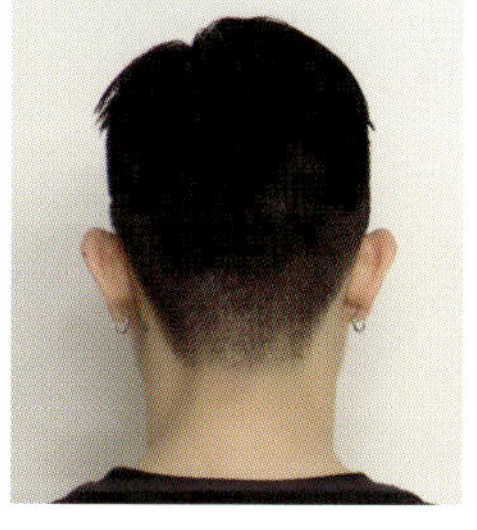

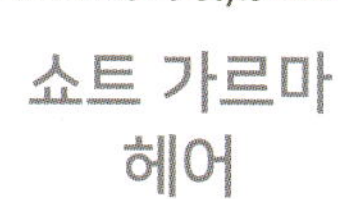

Men's Style

쇼트 가르마 헤어

투블럭을 높게 쳐내고, 탑부분을 연결되지 않게 컷트.
포마드로 깔끔하게 올려 빗어주면 더욱 멋스럽다.
스크래치를 내주어 포인트가 있다면, 더욱 개성 만점.

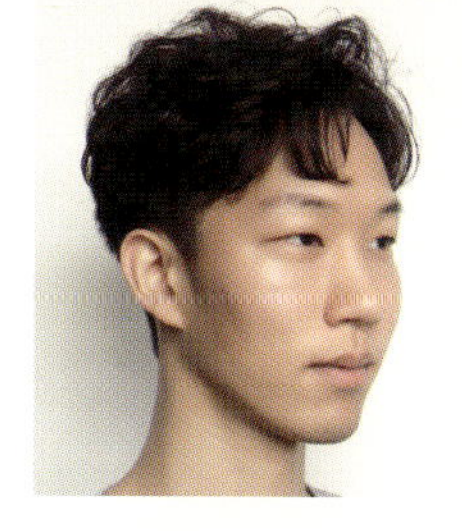

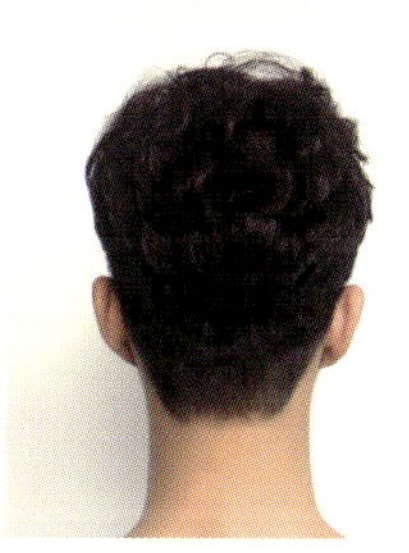

Men's Style

가르마 헤어

가르마가 나뉘어지는 부분이 자연스럽게
뒤쪽으로 넘어갈 수 있도록 가르마 부분에 컬을 주어
손질이 간편하다. 모질이 얇은 분들은 왁스보다는
스프레이형 왁스를 사용하는 것이 유지력이나
스타일링에 도움이 된다.

Men's Style

쇼트 레전드 스타일

짧은 스타일의 남성 컷트.

앞머리를 약간의 언밸런스 기장으로 컷팅 및 스타일링

스포티한 이미지를 연출할 수 있는 매력 넘치는 스타일.

Men's Style

투톤 그린 컬러

모발끝만 자연스럽게 탈색하여
자연블랙의 모근과 연결되면서
선명한 그린컬러로
개성을 완벽하게 살려줄 수 있는
스타일이다.

Men's Style

딥초코 브라운

투블럭 댄디스타일.
평범하고 딱딱해보이는 스타일을
딥한 초코브라운 컬러를 더하여
부드럽고 건강해 보이는
느낌을 준 스타일.

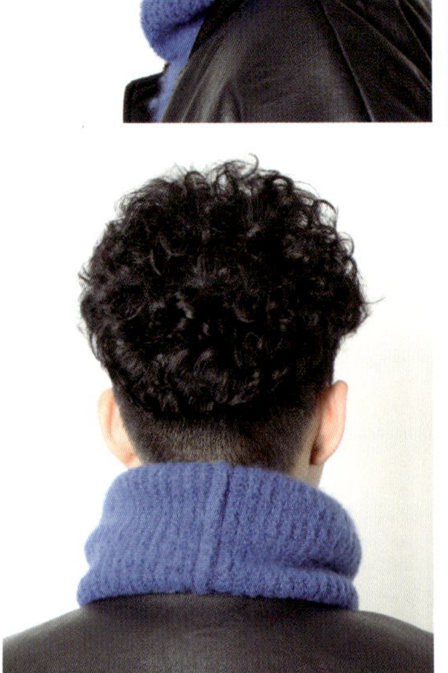

Men's Style

펑크 스타일

개성을 돋보여줄 수 있는
스타일로 강한 컬을 넣어주어
차갑고 딱딱한 인상을
강하면서도 때로는 부드럽고
귀여운 스타일로 보여지게
해줄 수 있는 스타일 .

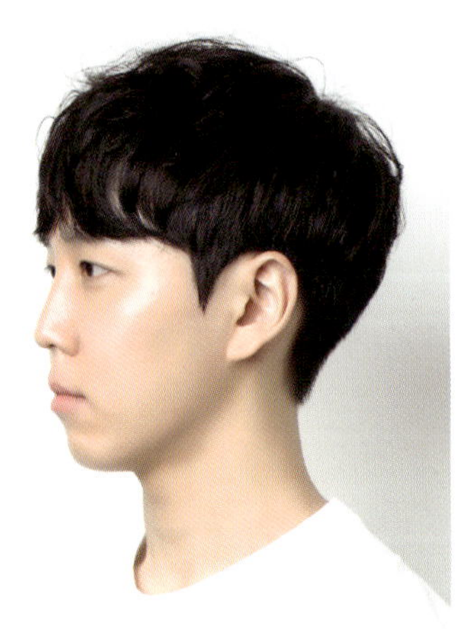

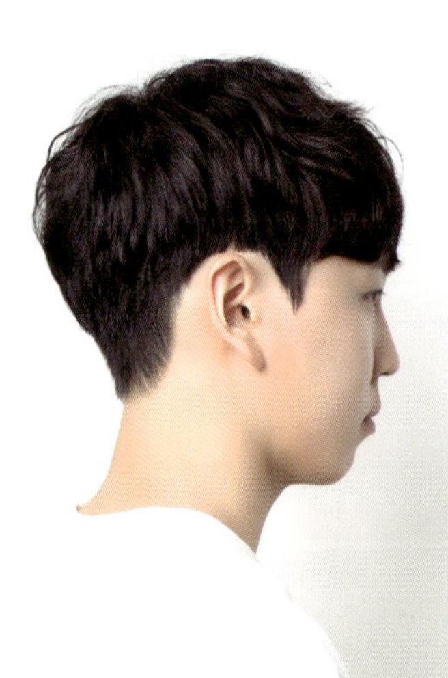

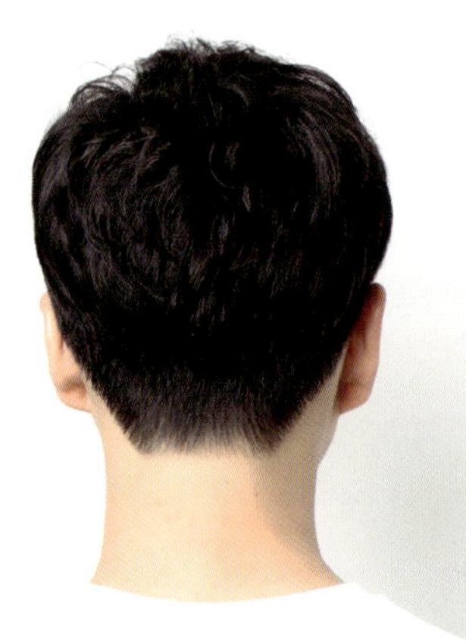

Men's Style

내추럴웨이브 스타일

내추럴한 느낌의 웨이브 스타일로
자연스럽게 흐르는 컬이
탑의 볼륨을 살려주고
라인은 자연스럽게 컬을 넣어주어
부담스럽지 않고 내추럴함을
보여줄 수 있는 스타일.

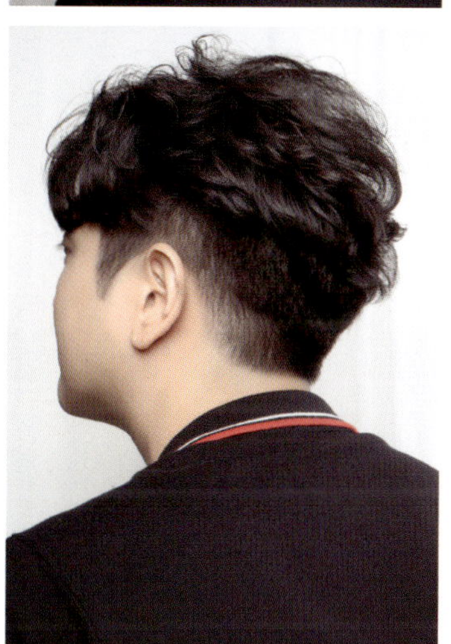

Men's Style

내추럴 가르마헤어

자연스러운 컬을
펌으로 시술하여 볼륨감이 주고 ,
약간의 흐트러진 듯한
스타일링으로 러프한 이미지를
더하다.
스프레이형 왁스로 스타일링하면
더욱 좋다.

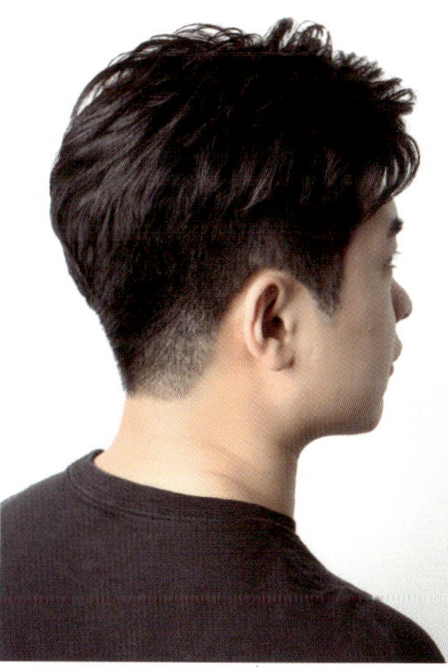

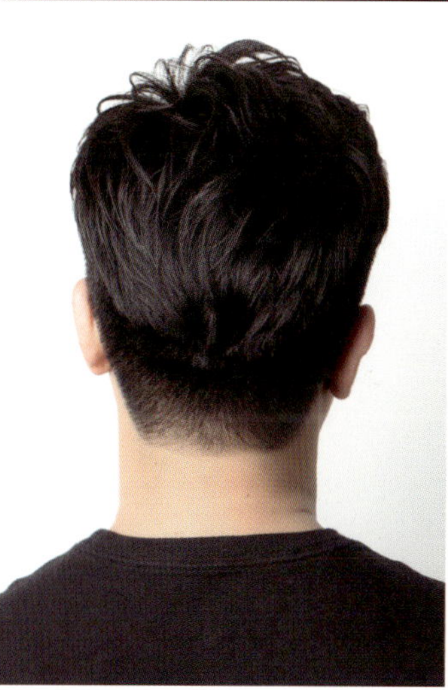

Men's Style

리젠트 스타일

라인의 쇼트한 기장과
윗머리를 자연스럽게 이어지는
느낌의 컷트로 컷팅.
볼륨매직이나 다운펌.
핀컬펌등으로 다양하게
표현이 가능.
깔끔하게 위로 올려 넘기는
리젠트 스타일.

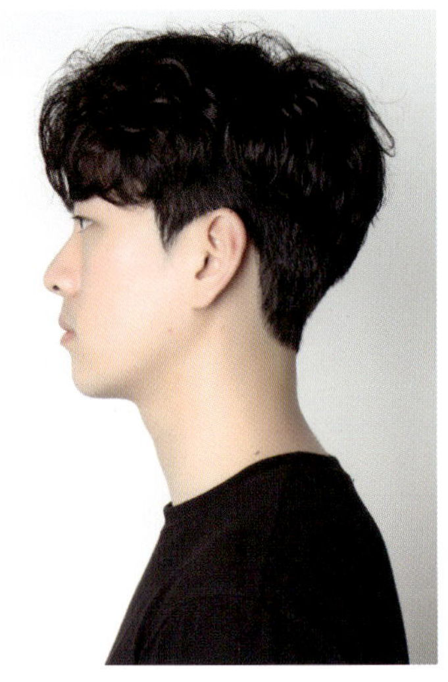

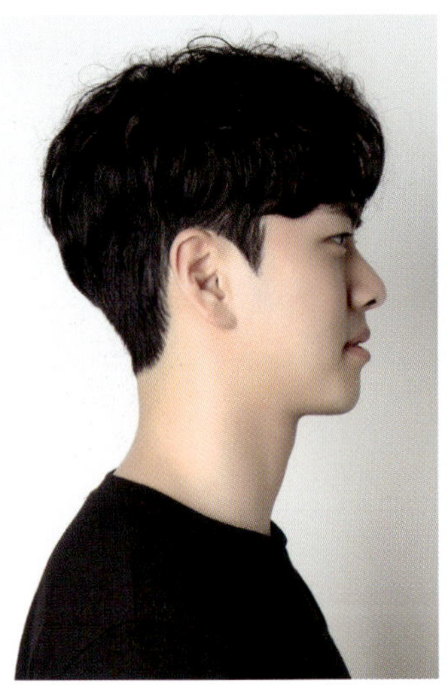

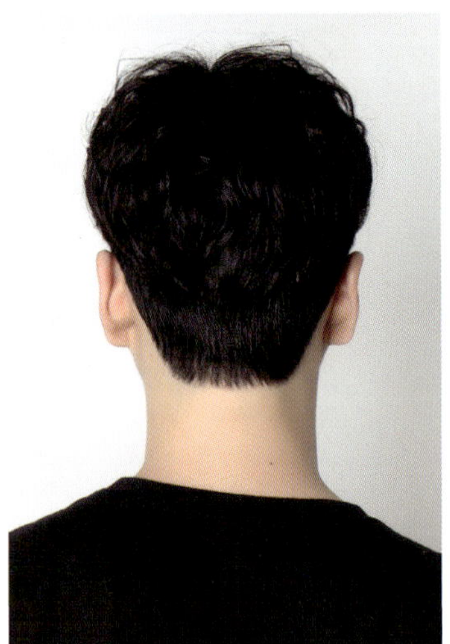

Men's Style

내추럴 가르마헤어

부드러운 가르마스타일에
풍성한 볼륨감과 웨이브를
더해준 펌 디자인. 깔끔하여
샤프한 펌 스타일로 추천.
웨트왁스 제품을 사용해 주면
생생한 컬을 연출이 용이.

Men's Style

애즈펌 디자인

내추럴한 굵은 웨이브 펌 시술.
앞쪽에 살짝 가라지게
릿지감을 준 펌스타일.
깔끔하지만 부드러워보이는
이미지 연출 .

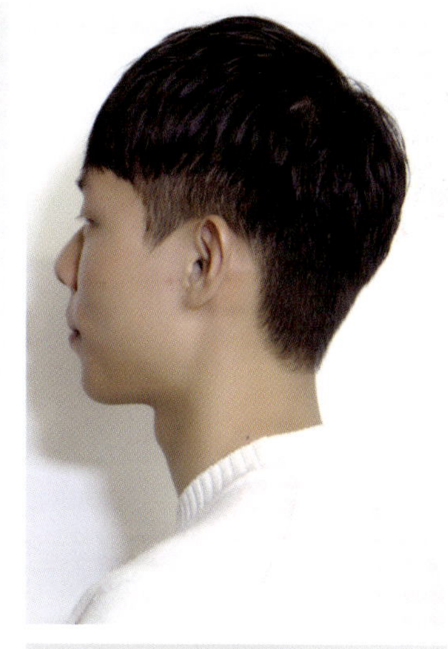

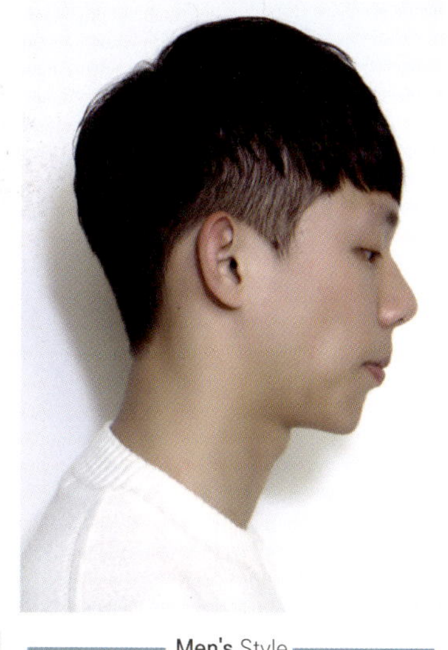

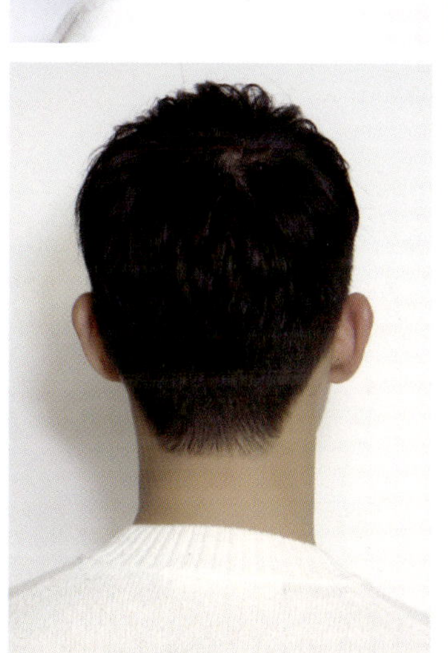

Men's Style

투블럭댄디 쇼트컷

깔끔한 스타일을 추구하시는 분들께 추천하는 가장무난한 스타일의 컷트. 탑부분의 볼륨감을 원하신다면 부분펌을 함께 시술하시면 만족도 높은 스타일을 완성할 수 있다.

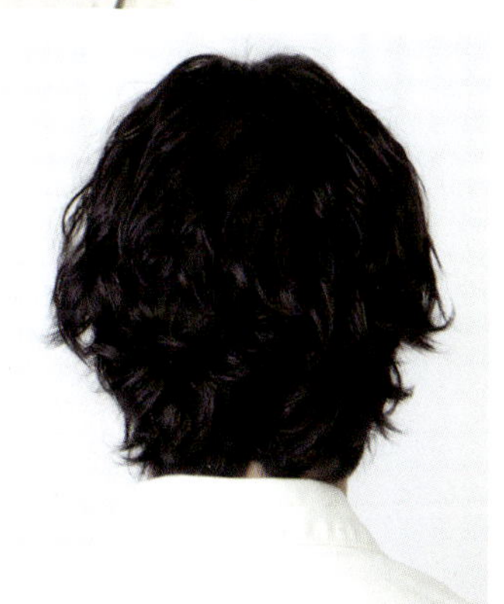

Men's Style

맨즈 보브 디자인

러프한 맨즈 보브기장이서 내추럴한 펌 디자인으로 자유로운 남성을 이미지를 표현하기에는 가장적합하다. 중간 고정력의 왁스로 살짝씩 빗겨주듯이 손질하면 좋다.

Men's Style

네추럴 포마드 스타일

투블럭컷스타일에 앞머리 깔끔하게 넘겨

깔끔한 댄디 분위기를 살린 스타일입니다.

볼륨펌이나 볼륨매직으로 펌을 시술하면 더욱 손질이 쉽다.

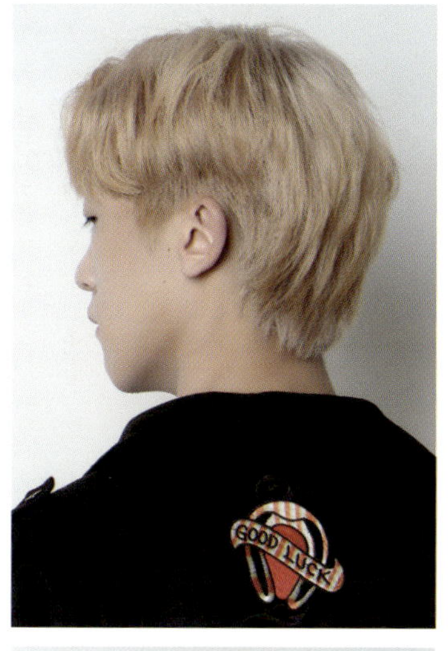

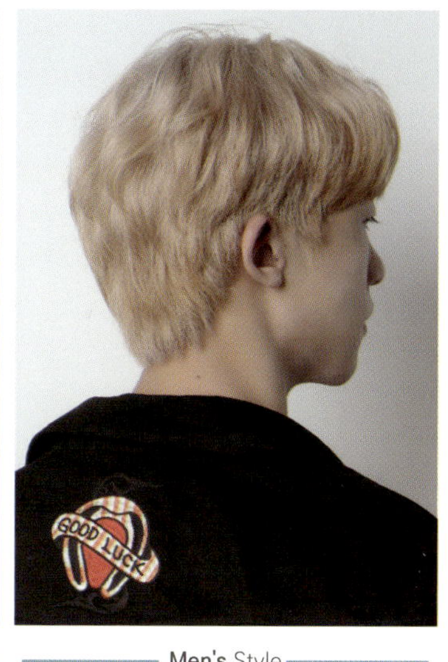

Men's Style

옐로우 베이지

탈색을 통해 표현된 컬러 디자인.
약간의 토닝 작업을 더욱
무채색의 투명감을 더할 수 있다.
개성 넘치는. 밝은 옐로우
느낌으로 컬러 도전.

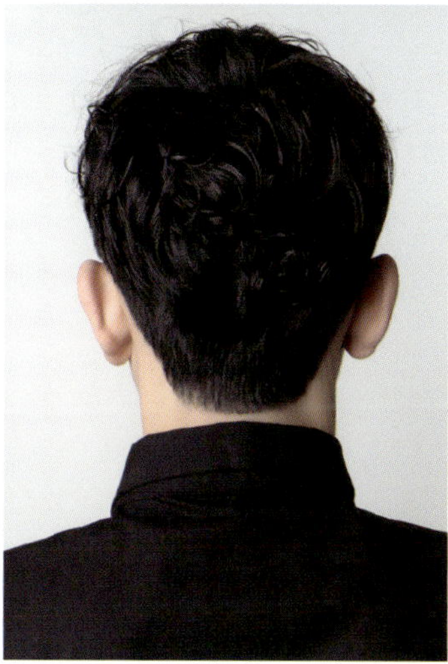

Men's Style

프리펌 디자인

헝크러지듯 이리저리
뻗치는 느낌의 웨이브로
툭툭 털어 말린뒤
웨트한 제품을 발라주면
느낌 있는 캐주얼함을
연출할 수 있다.

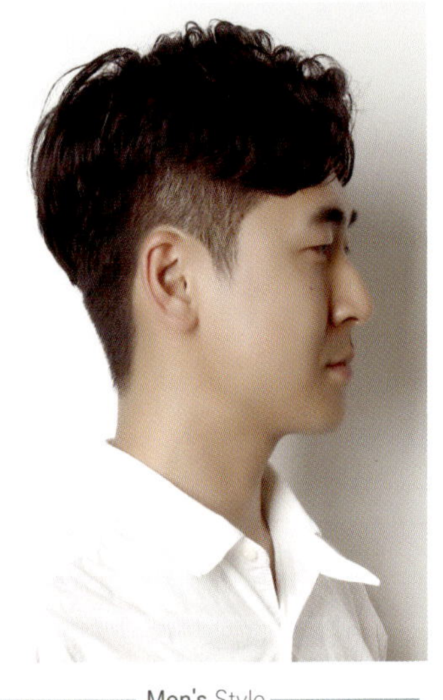

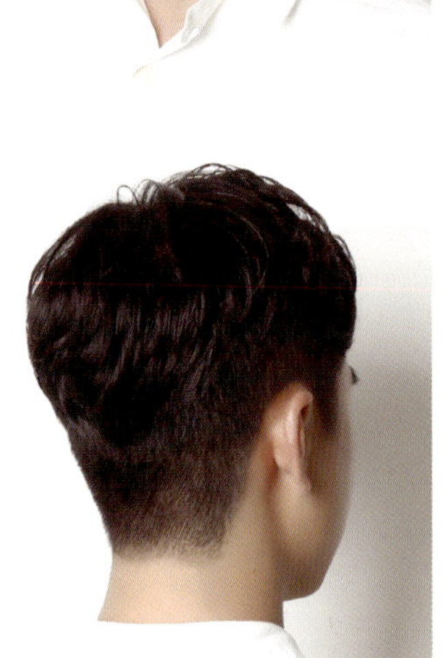

Men's Style

가르마 헤어

투블럭의 연결된 쇼트한
가르마 스타일.
직장인들에게도 인기 많은
헤어디자인.
손질하기 쉽게 굵은 웨이브 펌을
하여 릿지감을 살려준 스타일.

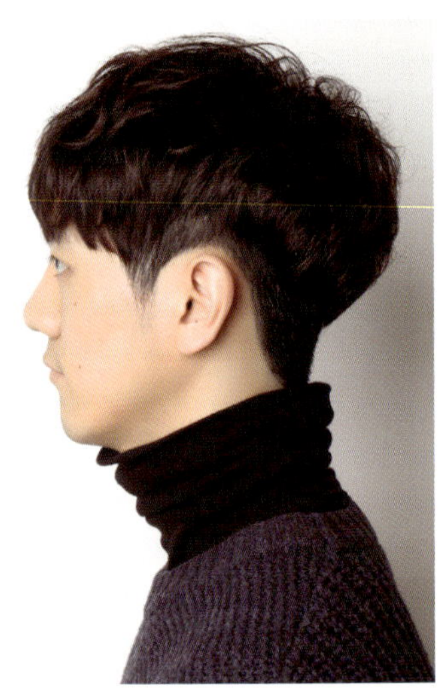

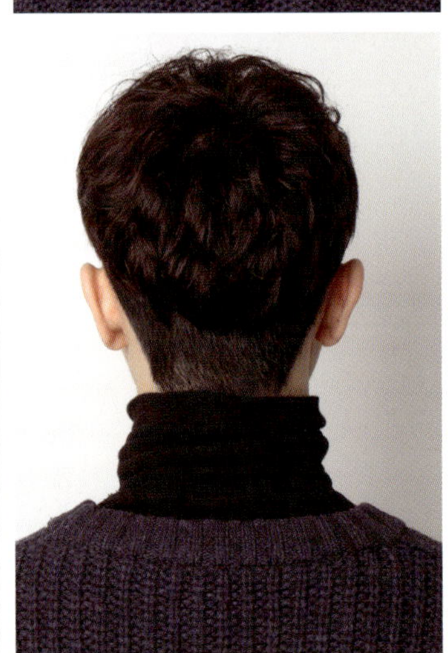

Men's Style

프리펌 디자인

컬의 믹스로 만들어진 헝크러지듯
프리한 스타일로 손질을 쉽다.
볼륨감이 없으신 고객님께 추천.
약간 쥐어쥐듯이
간단한 왁스 손질이 용이.

Men's Style

포마드 헤어

기장감이 있는 포마드 컷으로
가르마를 나눠
위로 깔끔하게 넘겨 빗어준
스타일.
볼륨감이과 깔끔함이 있는
헤어 스타일.

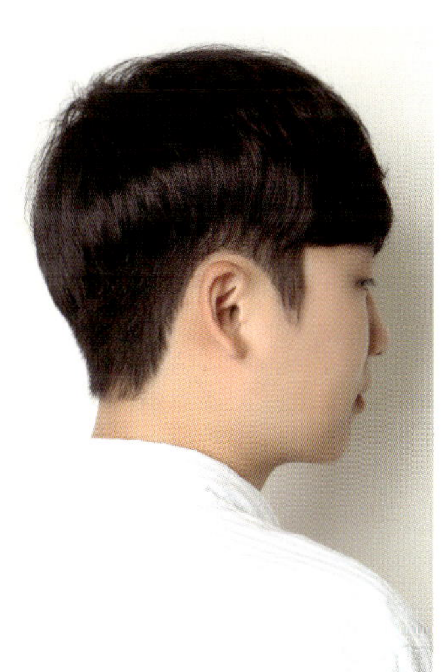
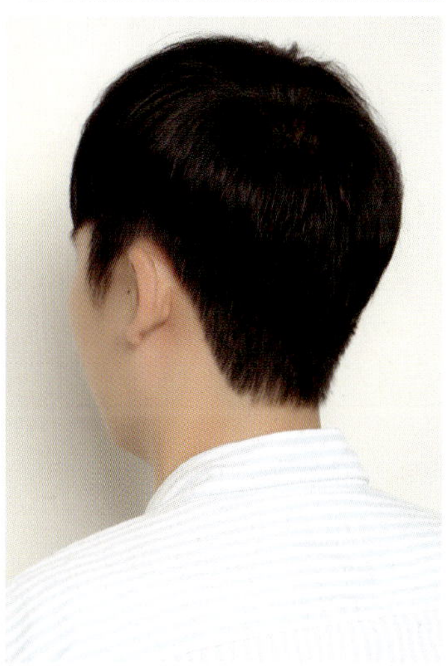

Men's Style

댄디 투블럭 헤어

자칫 옆이 부해보일 수 있는
스타일이지만
자연스럽게 라인을 투블럭 하여
옆이 슬림해보이면서 윗머리와
연결 되어 보여
단정하고 깔끔한 스타일 연출.

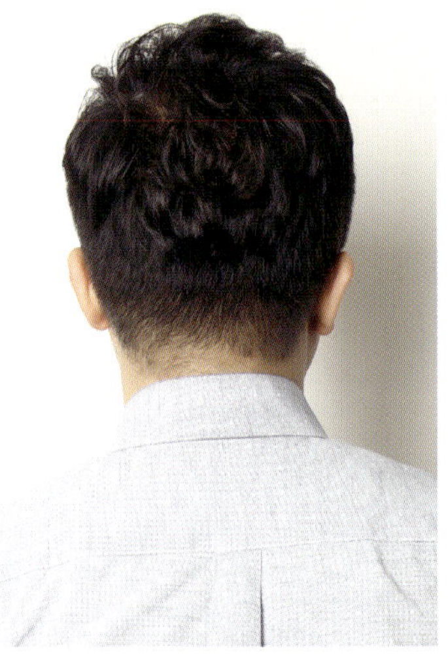

Men's Style

리젠트 디자인

자연스러운 볼륨과
손질이 쉬운 컬을 간단한
펌시술로 가능하다.
쇼트한 기장에서도 약간의
왁스손질만으로도
깔끔한 분위기가 살아나는
펌 디자인.

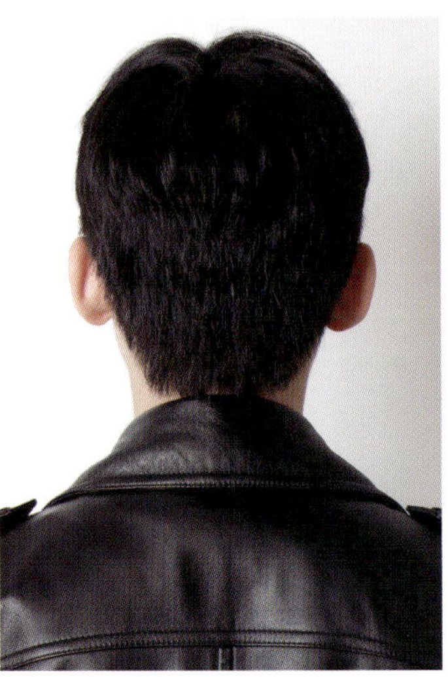

Men's Style

소프트 가르마 스타일

사이드는 투블럭으로 커트하고
백은 이어지게 커트하여
부드러운 느낌을 준
스트레이트형 헤어.
자연스럽게 갈라지는
가르마 스타일 스타일링해 보다
부드러운 이미지 연출.

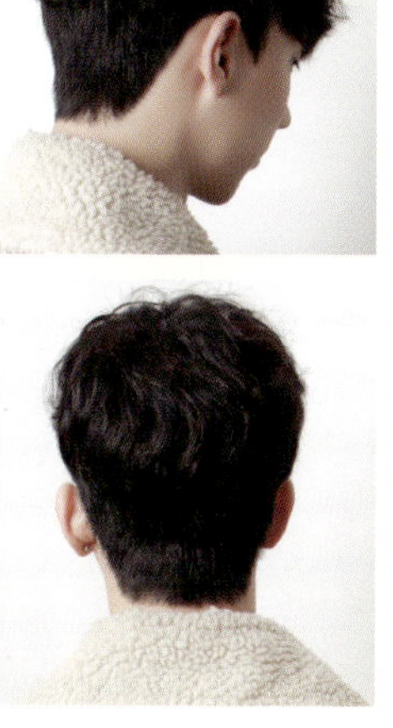

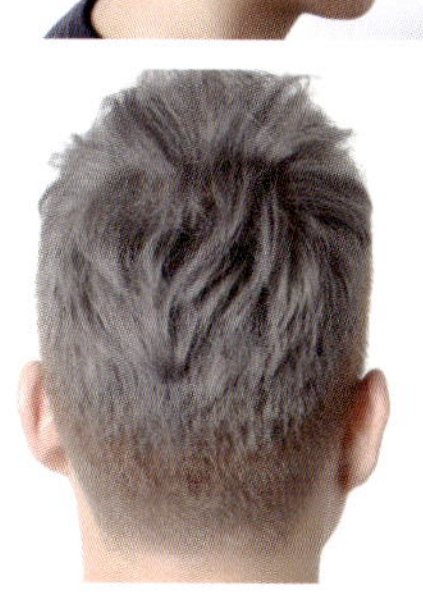

Men's Style

맨즈 모즈펌

자연스러운 투블럭 스타일. 굵은 웨이브를 믹스하여 시술한 펌 스타일. 모발을 구겨쥐듯 드라이하고 스프레이형 왁스로 스타일링.

Men's Style

애쉬컬러

모근이 1센티 가량 자란 탈색 모발에 애쉬 컬러를 더하다. 애쉬컬러는 자연모발에서는 브라운으로 표현되기때문에 이러한 컬러를 원하는 고객은 원터치로 시술이 가능하다.

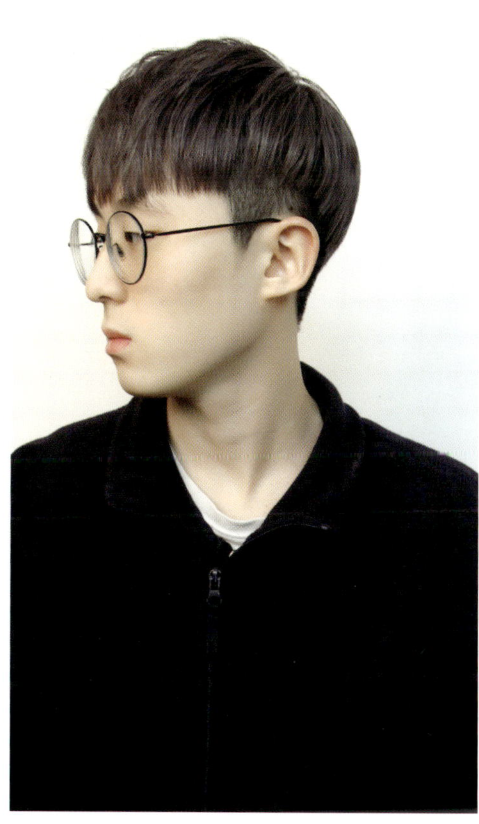
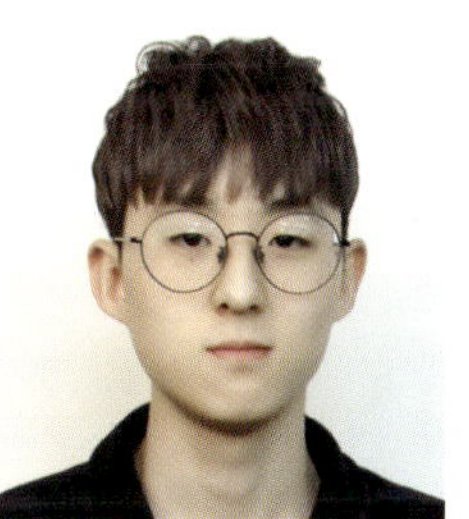

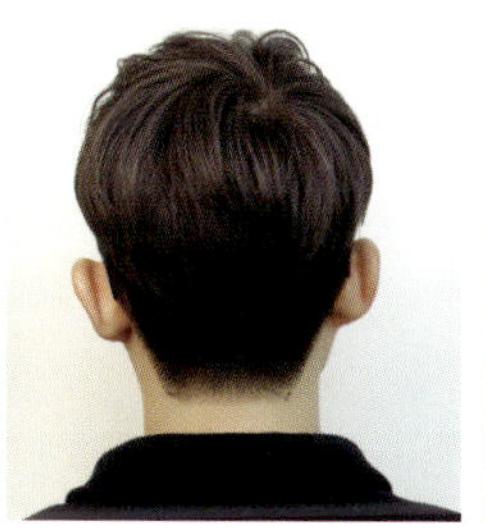

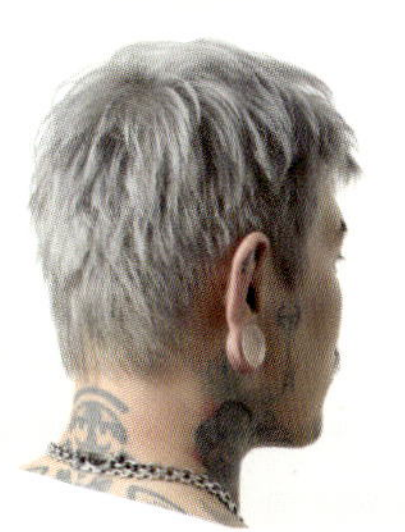

Men's Style

애쉬 브라운 컬러

탈색이 된 헤어에 애쉬컬러로 시술. 다크하면서도 좀더 특별한 헤어가표현된다. 깔끔한 댄디스타일과도 잘 어울리는 헤어컬러.

Men's Style

그레이 에쉬컬러

탈색이 베이스가 된 그레이 에쉬컬러 남성들의 워너비 헤어컬러 중 베스트 라인을 자연스럽게 남기면 전체적으로 가볍게 컷트하여 질감을 왁스로 살려준 스타일.

Men's Style

포마드 스타일

깔끔한 컷트스타일로 뒷부분은 상고스타일의 컷트로 피트하게 이어 자르고

옆은 투블럭으로약간의 단차를 준 컷트스타일

포마드를 사용해 깔끔하고 멋스럽게 정리한다.

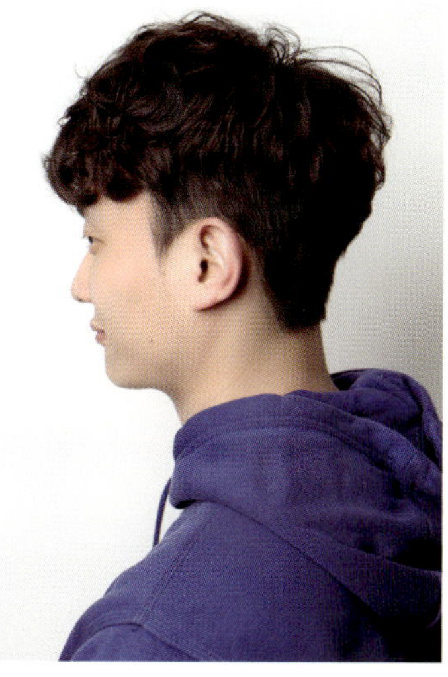

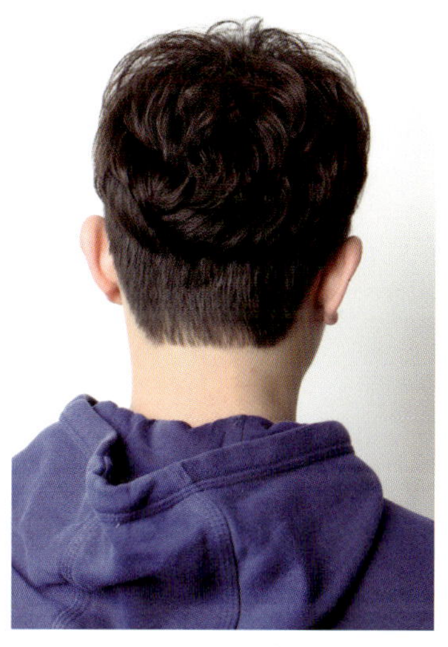

Men's Style

내추럴 볼륨 웨이브

소프트한 투블럭 스타일의
자유로운 내추럴 분위기의 펌.
부담스럽지않은 컬의 느낌으로
자연스럽게 털어 말리고,
에센스로 윤기감을 더하면
스타일이 더욱 살아난다.

Men's Style

텍스쳐 가르마 헤어

캐주얼하게 텍스쳐있는 컬이
살아있는 가르마펌 스타일.
촉촉한 느낌으로 웨트하게
연출하면, 활동적이고
멋스러운 느낌이 표현되는
스타일.

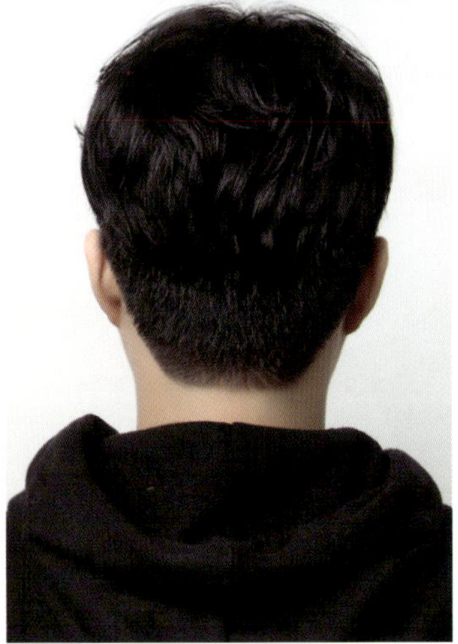

Men's Style

볼륨가르마 헤어

때로는 앞으로,
때로는 가르마로 자유롭게
스타일링.
인기 많은 볼륨가르마펌 스타일.
손질이 쉽고, 에센스로 모발에
보습만 더하면 스타일링 끝.

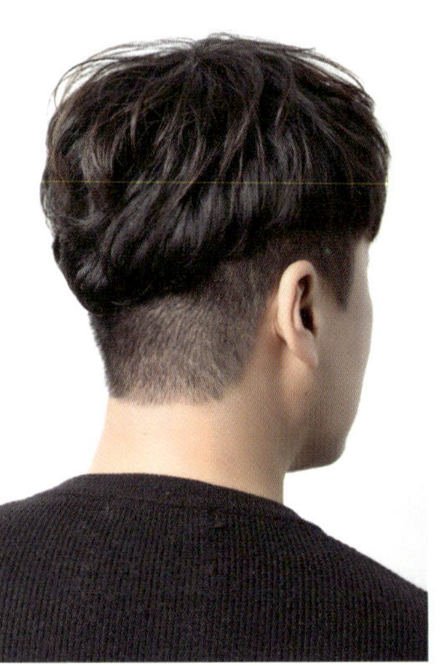

Men's Style

댄디 디자인

투블럭라인과 탑부분에
소프트한 컬을 펌으로 시술.
정갈하면서도 멋스러운
댄디스타일이 연출된다.
에센스로 윤기감을 더하면
더욱 건강해 보이는 헤어.

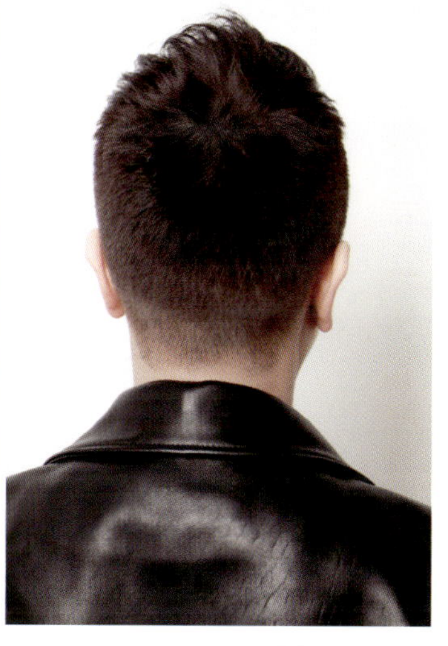

Men's Style

쇼트 디자인 샤기컷

스포티한 이미지 느껴지는
쇼트한 리젠트 컷트 스타일.
세련되고 깔끔한 남성미가
돋보이는 스타일로
간단한 왁스손질로 스타일이
가능하다.

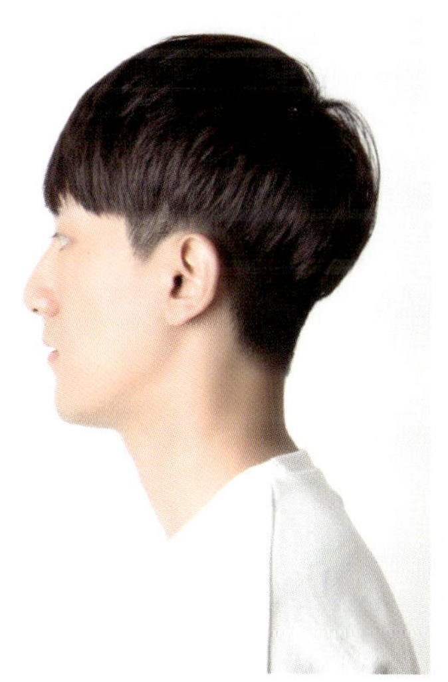

Men's Style

뉴트럴 브라운

원래 머리 색보다 살짝 밝은
자연스러운 브라운 컬러로
무난한 컷트디자인에 윤기감과
자연스러움은 더하였다.
티안나게 자연스러운 컬러는
피부의 깔끔함을 더해준다.

Men's Style

디자인 스핀스왈로우

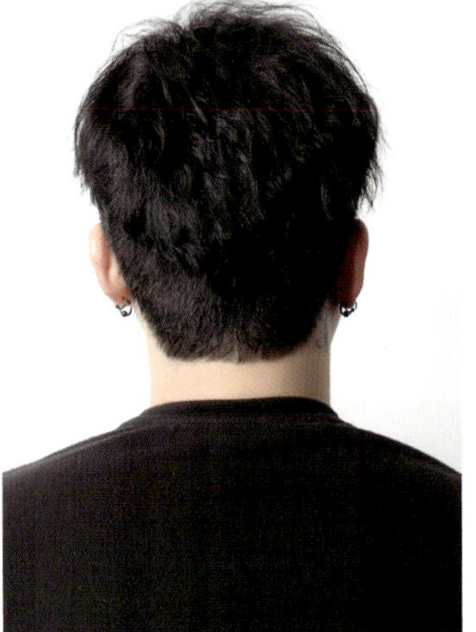

호일형태보다 조금더
부드러운 형태.
러프한 느낌으로
뿌리의 볼륨이 잘살고,
손질이 매우 간편한
스타일.

Men's Style

애즈펌

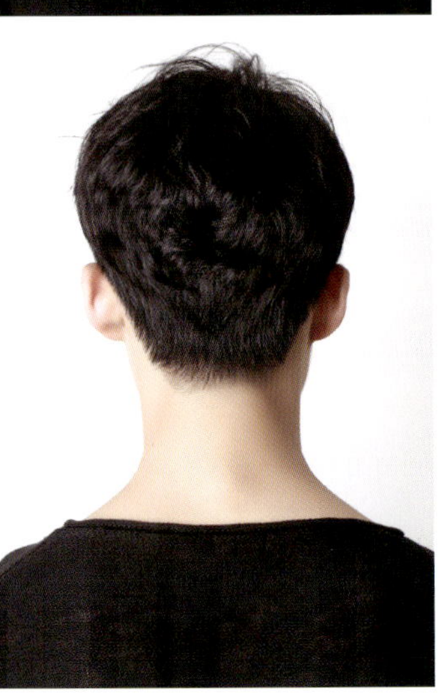

소프트한 투블럭 컷 스타일로
옆은 다운펌을 시술.
위의 모발은 굵은 롯드로
디지안하여 펌을 시술.
볼륨감있는 색다른 느낌으로
가르마 쉼표로 스타일링.

Men's Style

블루퍼플 애쉬 컬러

블루계열의 보라컬러와 애쉬로 조합.
개성 있는 헤어와 잘 어울리는 컬러이다.
울프느낌의 컷트스타일로 젊은 고객층들에게
있기 있는 디자인.

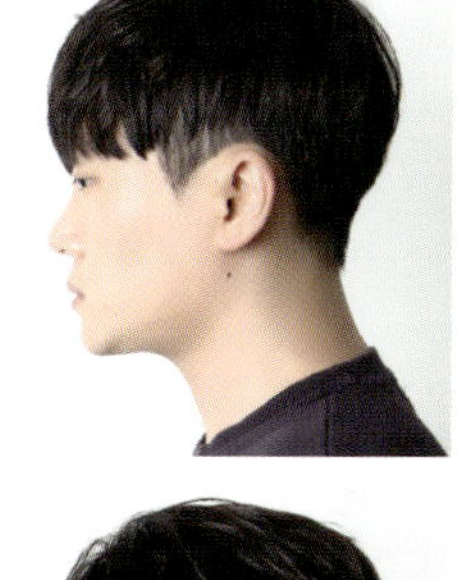

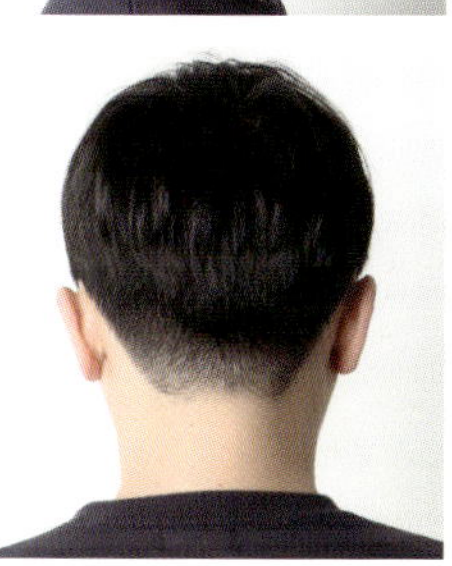

Men's Style

스왓컷

전체적으로 짧은 스왓컷을 하여 뜨지 않게
다운펌을 시술한 스타일.
깔끔하면서 두상과 피트되어 스타일리쉬하고
신경 안쓴 듯 자연스러워 보인다.

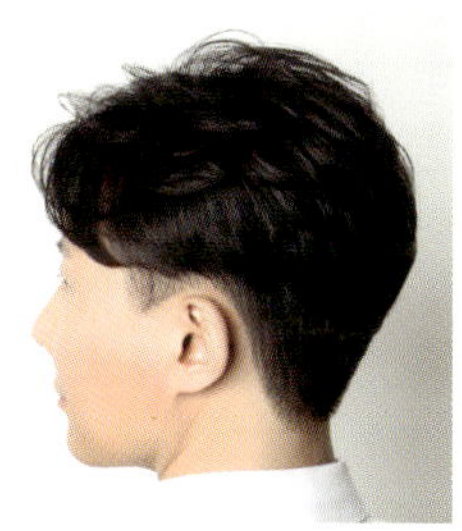

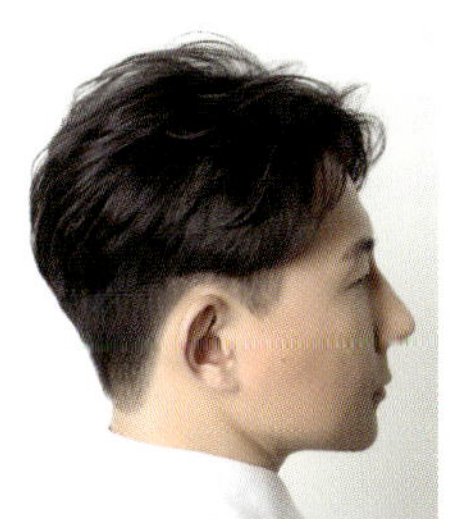

Men's Style

가르마헤어 디자인

직장인들,학생들에게 꾸준히 사랑 받는 헤어스타일
투블럭 후, 자연스러운 컬로 볼륨감과
흐름을 표현할 수 있다.
에센스로 윤기감을 더하면 더욱 건강한 헤어스타일 표현.

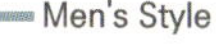

Men's Style

하드 텍스쳐 웨이브

탄력 있는 텍스쳐 웨이브.
강한 웨이브 펌 디자인으로
자유롭고 ,캐쥬얼함이 강하게 느껴지는
펌 스타일이다.

Men's Style

텍스쳐 가르마 스타일

소프트한 투블럭 컷 스타일에 탄력 있는 컬로 볼륨감을 주어

캐주얼한 이미지를 표현한 가르마 스타일.

펌과 살짝 왁스로 결정리만 하면 손질이 쉽다.

Men's Style

베이지 브라운 컬러

탈색과 염색을 각각 1회 시술
하이라이트한 컬러시술로
투명감있는 베이지브라운 컬러.
화사하고 활동감 넘치는 이미지를
표현하기 좋다.

Men's Style

쉐도우 웨트헤어

라인은 짧게 자르고 윗머리는
길게 한 투블럭 컷 스타일.
흐르는 느낌의 웨이브펌을 하고
부하지 않으면서 컬 느낌을
살릴 수 있게 살짝 물기 있는
상태에서 웨트스타일링 제품으로
스타일링.

Men's Style

바버 스타일

라인을 짧고 피트하게
그라데이션을 주어 슬림함과
볼륨을 만들고 포마드를
용하여 깔끔히 빗어준
바버 헤어스타일.

Men's Style

다운 크롭컷

사이드부분에서 측두부 부분까지
다운펌으로 시술.
앞쪽으로 모이듯이 컷트하여
가지런히 정돈한 스타일.
시크한 분위기의 맨즈컷 스타일.

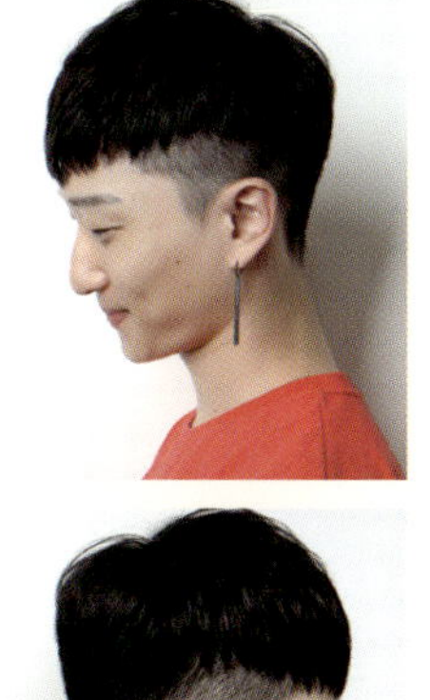
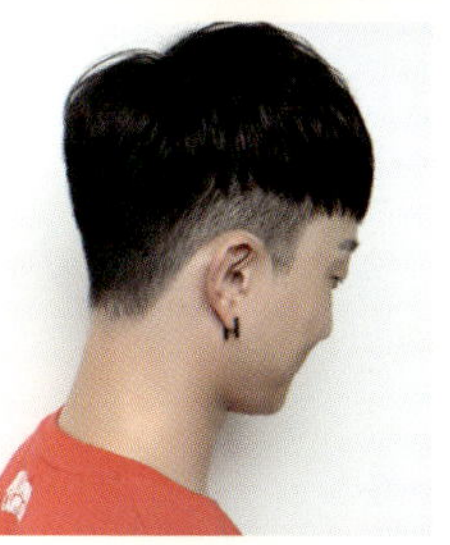
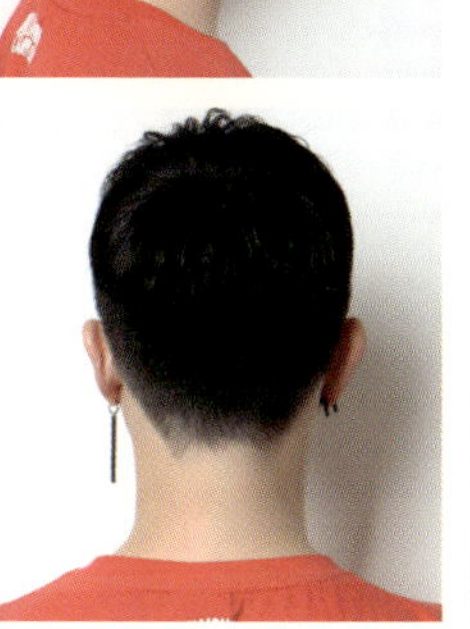

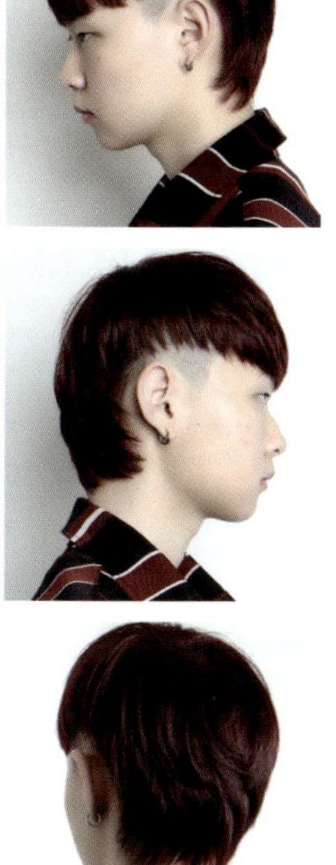

Men's Style

크롭컷 스타일

백은 자연스럽게 연결되게 컷트를 하고
옆은 단차를 살짝주어 투블럭으로 만들어
트렌디한 컷트 스타일을 연출.
앞머리의 비대칭한 느낌으로 포인트를 살렸다.

Men's Style

울프컷 & 레드브라운

울프컷에 컬러감을 더하다.
채도가 높은 비비드컬러의 레드브라운으로
염색을 하여 주목받는 개성 있고
트랜드한 스타일 표현.

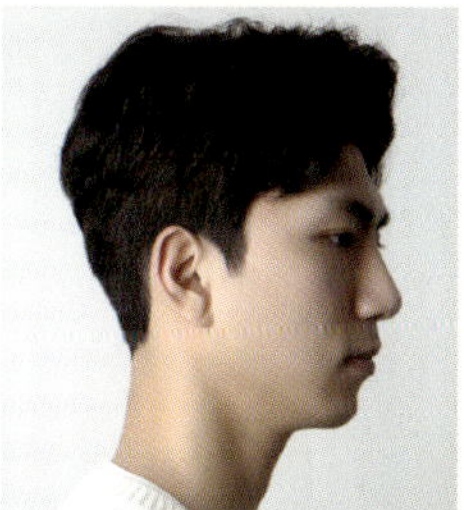
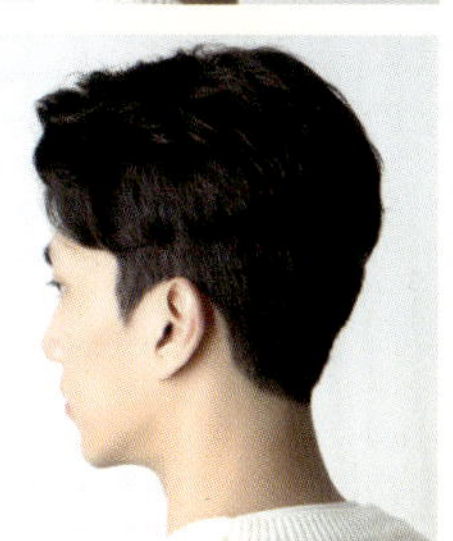

Men's Style

드레드락

흑인헤어의 오리지널 디자인. 드레드락 스타일.
힙합헤어로 대표적인 스타일.
뫄발과 드레드가모를 연결하여 시술하고,
여러가닥 뭉쳐 디자인하여 멋스럽게 표현.

Men's Style

볼륨 컬매직 & 다운펌

자연스럽게 연결되어 보이는 투블럭 스타일로
짧아 보이지 않아 부담스럽지 않고,곱슬모발을 깔끔한 컬로
다운펌을 함으로써 옆이 더욱 슬림해 보인다.

Men's Style

바버 스타일

깔끔한 인상을 선호하는 직업을 가지신 남성분들께 추천 스타일.

포마드왁스로 가르마를 나누어 깔끔하게 빗질해주는 것이 중요.

가르마에 스크레치 라인을 넣어주는 포인트 테크닉.

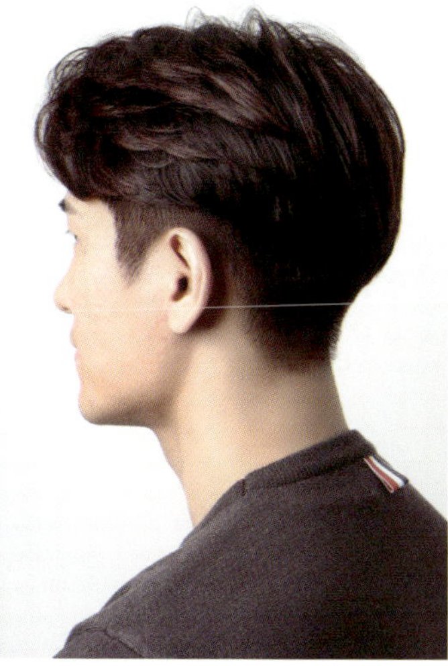

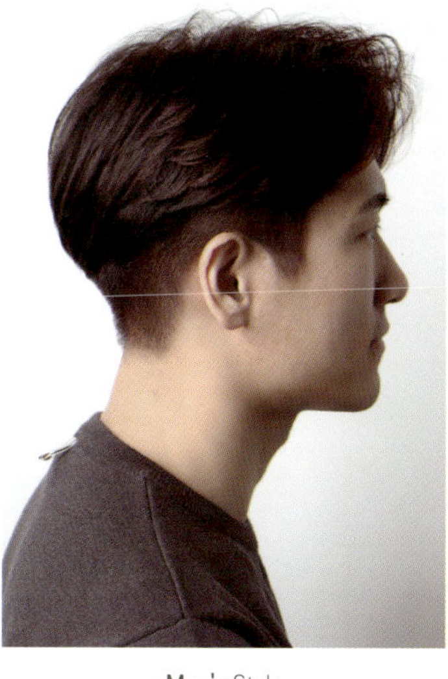

Men's Style

레드브라운 컬러

중채도로 부담스럽지 않은 레드브라운 컬러. 부드러움과 윤기감을 더해주는 추천 컬러. 편안한 인상을 만들어 주며 따뜻한 느낌을 자연스럽게 가르마를 형태로 넘긴 헤어와 함께 연출.

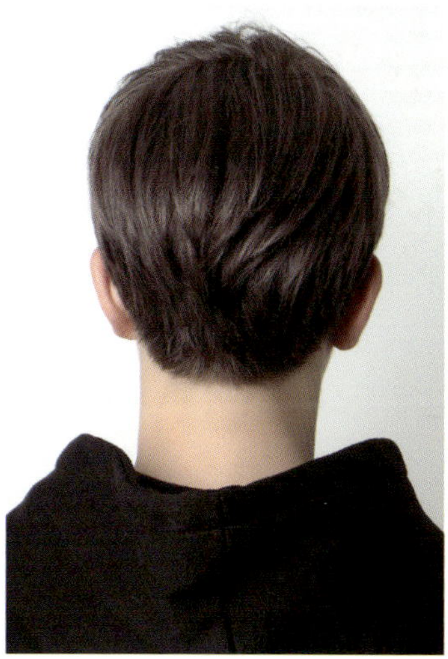

Men's Style

채스넛 애쉬컬러

탈색 1회에 채스넛과 애쉬를 혼합하여 염색한 투명감있는 컬러. 네추럴한 여러형태의 커트스타일을 개성있게 살려낸다. 퇴색이 되면서도 멋스러운 컬러를 즐길수 있는 매력적인 컬러.

Men's Style

포마드 가르마 스타일

가벼운 느낌의 컷트 질감에 가르마 스타일로 자연스럽게 포마드를 발라 약간의 결을 살려주어 올드 해보이지 않는 캐주얼한 가르마 스타일 표현.

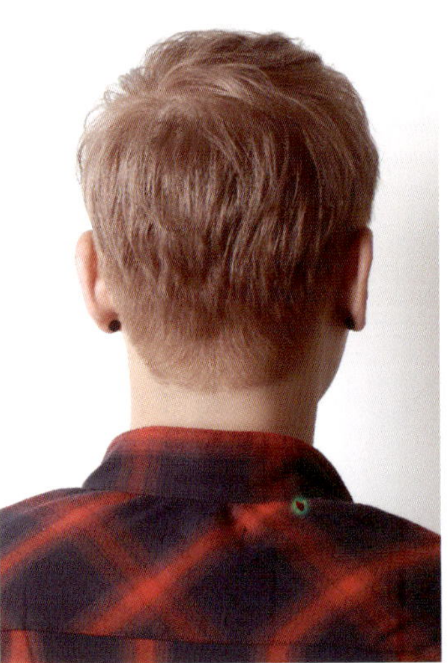

Men's Style

쿠퍼 베이지

탈색 한번에 쿠퍼컬러로 컬러링 작업한 쿠퍼 베이지컬러. 투명함과 부드러움을 동시에 갖춘 컬러로 스타일링시 왁스로 살짝 앞으로 쓸어주듯 손질.

Men's Style

아이보리 컬러

탈색 2회에 가능한
아이보리컬러,
화사함과 개성을
잘 표현해줄 수 있는 컬러로
아이보리의 투명감이
더욱 스타일을 돋보이게
해준다.

Men's Style

퍼플 시나몬 컬러

중명도의 자연스러운 브라운.
시나몬의 부드러움과
퍼플 컬러의 색감이 더해져
세련되 보이는 스타일로
완성시켜준다 .
살짝 들어올린 앞머리로
엣지감을 더했다.

Men's Style

샤프 뱅컷

투블럭에 컬이 없는 샤프한 커트,
앞머리 라인의 선과 함께
강렬하고 시크한 느낌을
살려줄 수 있는 스타일로
멀티오일을 사용하여
마무리해주면 시크한 느낌을
더 살려낼 수있다.

Men's Style

콤마헤어 스타일

투블럭의 쉼표가르마,
밋밋하기 쉬운 댄디스타일에
과하지 않게 살짝 갈라
손질하면, 깔끔하면서 세련된
느낌을 줄 수 있다.

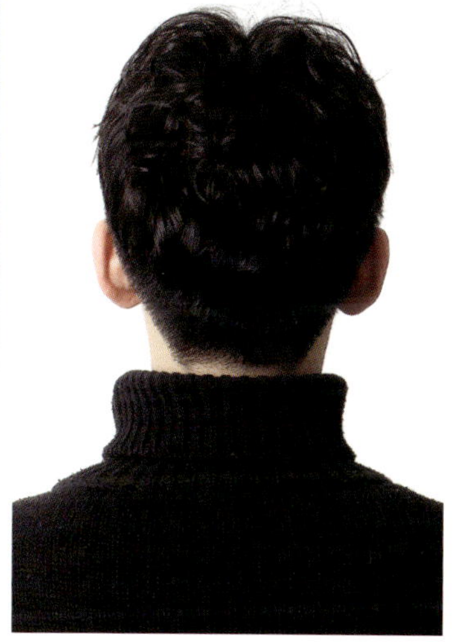

Men's Style

텍스쳐 가르마 스타일

가르마 스타일로 컬의 느낌을
텍스쳐 있게 넣어
모질이 얇아 볼륨이 적은 모발에
생기와 볼륨을 표현해주는
스타일.

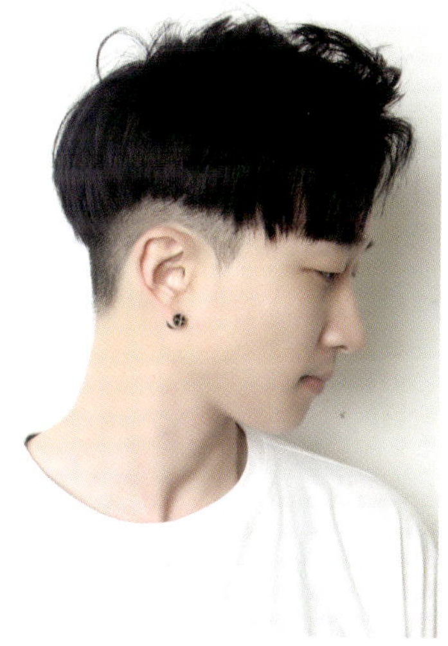

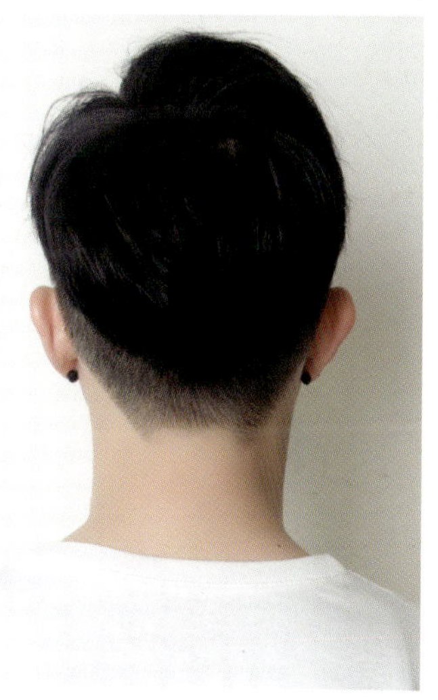

Men's Style

프리 가르마 스타일

투블럭 스타일로 자연스럽게
가르며 스타일링.
컬이 없이 올려지는 스타일로
강렬하지만 부드러움과
내추럴함을 줄수있는 스타일 .
스프레이 타입의 왁스를 사용하면
손질이 더욱 쉽다.

Men's Style

가르마 웨트 웨이브

가르마 형태의 디자인 펌 스타일로 텍스쳐한 컬을 연출.

웨트타입의 제품으로 스타일링하면 손질이 용이하다.

멋스럽고 자유로운 이미지 표현. 수염과 함께라면 더욱 멋진스타일.

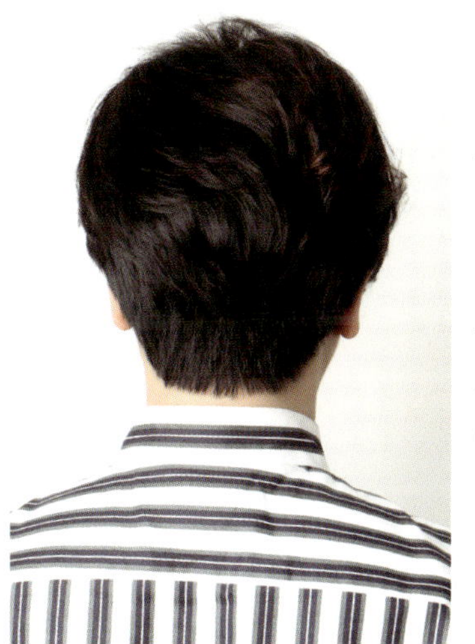

Men's Style

맨즈 쇼트 보브스타일

중성적 느낌으로 러프한
댄디느낌의 컷트 형태.
가르마를 나누어 로맨틱하고
분위기 있는 이미지를 연출
가벼운 로션타입이나,
에센스로 마무리하는 것이 좋다.

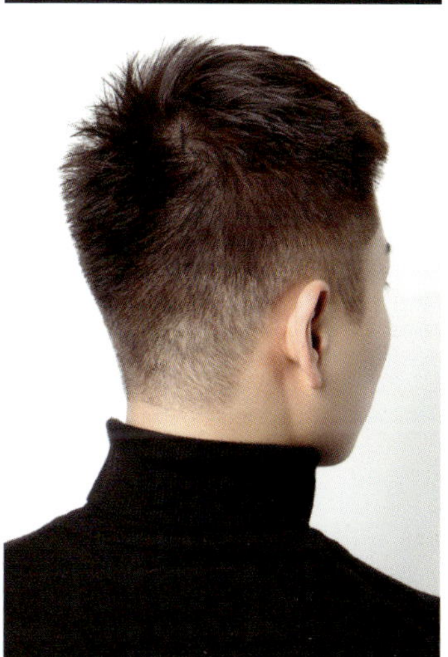

Men's Style

소프트모히칸

짧고 피트한 깔끔한 스타일의
소프트 모히칸.
서서히 길어지는 기장감으로
윗부분의 볼륨을 강조할 수
있는 스타일.

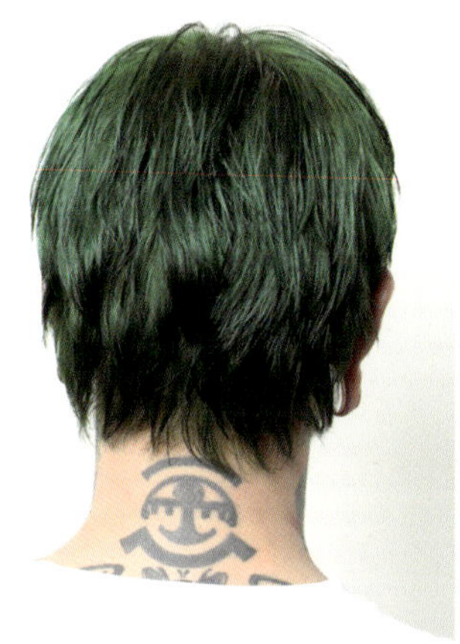

Men's Style

조커 그린

조커를 연상시키는 딥그린컬러.
전체 탈색을 한 후 비비드한
딥그린 컬러로 더하여
개성 만점.
시선강탈 헤어스타일 연출.

Men's Style

러프 리젠트 스타일

백부분은 탑부분의 모발과
자연스럽게 이어지게 컷트하고
옆은 투블럭스타일로
컷트한 스타일.
윗머리는 가벼운 텍스쳐로 컷팅 .
왁스와 스프레이를 이용하여
러프하고 자유로운
분위기로 연출.

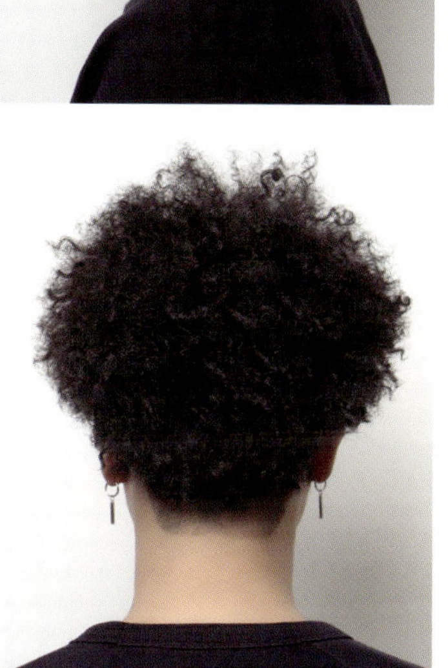

Men's Style

아프로 헤어

흑인의 둥근 형태의 머리를
표현하는 아프로 스타일.
개성을, 시선을 받는 힙합 스타일.
최강의 볼륨감 최강의 개성을
표현할 수 있는 펌스타일.

Men's Style

웨트 웨이브 스타일

짧은 기장에서 강한 웨이브펌을
더해 텍스쳐가 살아 있는
웨트한 느낌의 컬을 연출.
웨트타입 제품으로 볼륨감 있게
스타일링이 가능한 스타일

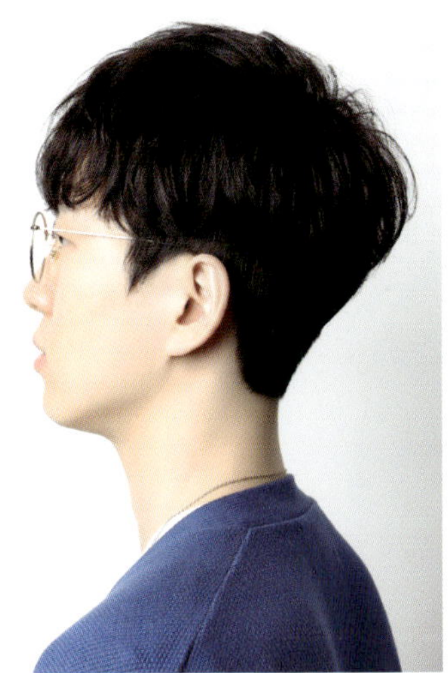

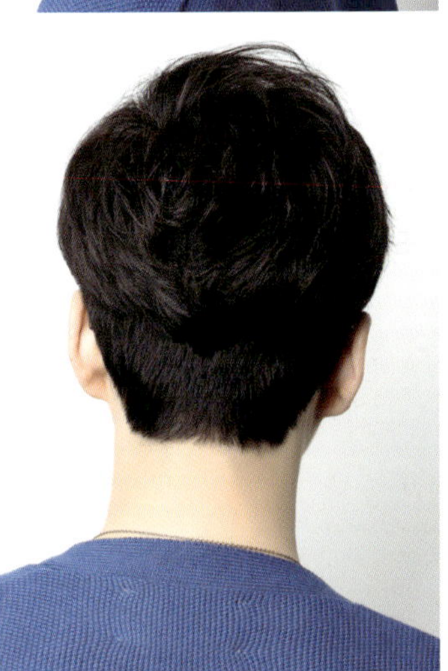

Men's Style

내추럴 볼륨 디자인

자연스러운 볼륨감 펌으로 시술.
부드러운 이미지를 더해주는
스타일.
전체적으로 질감이 가벼워
간단한 손질로도
스타일링이 가능하다.

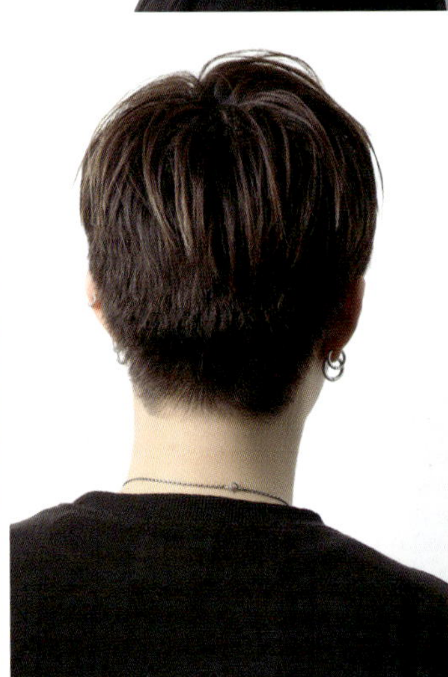

Men's Style

웨트 가르마 스타일

투블럭컷트.
가르마 쉼표 스타일로
질감처리를 통해
가벼운 느낌을 주고,
웨트한 질감을 위해
오일과 왁스를 믹스하여
스타일링.

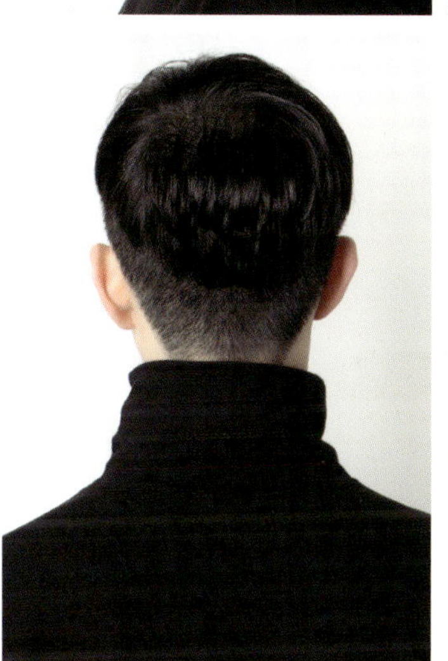

Men's Style

볼륨매직 스타일

부스스한 곱슬을 가진 남성분을 위한 깔끔한 댄디스타일. 볼륨매직을 시술함으로써 단정하고 자연스러운 볼륨을 느낄 수 있는 스타일. 이마라인에 콤플렉스를 말끔히 제거해주는 댄디한 스타일.

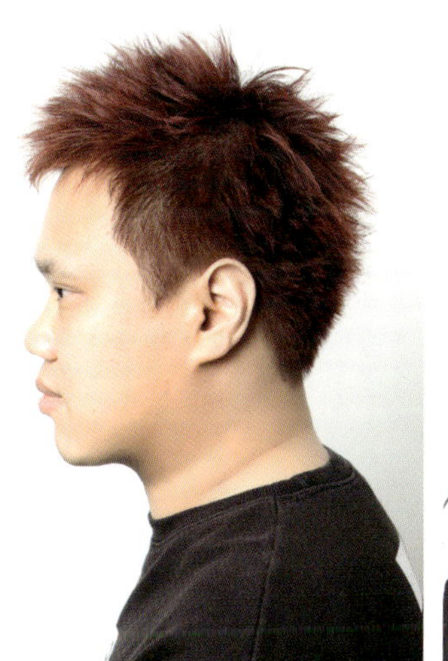

Men's Style

핑크 레드브라운

샤기한 소프트 모히칸 컷트 스타일에 핑크 레드브라운으로 강렬하지만 개성 있는 헤어스타일 연출. 간단한 왁스 스타일링으로 연출 가능.

Men's Style

매트 라이트 브라운

답답하고 무거워 보일 수 있는 투블럭 댄디 펌 스타일에
매트 라이트 브라운컬러를 더하여
부드럽고 캐쥬얼해 보이는 댄디 스타일 표현

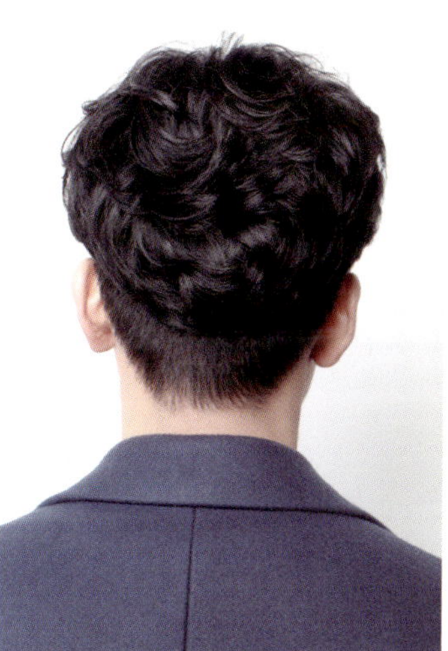

Men's Style

가르마 웨이브

굵은 웨이브 흐름이 강조된
가르마 스타일의 펌.
라인을 깔끔하게 컷팅하고,
가르마선에 맞추어 펌시술.
부담스럽지 않게 멋스러운
인기 스타일.

Men's Style

디자인 콘로우

투블럭 라인에 탑부분 모발에
컬러를 디자인하여
한뭉치로 땋는 콘로우를 시술 .
특별함과 개성 넘치는
헤어스타일로 연출.

Men's Style

펑크 베이비펌

전체적으로 웨이브를 텍스쳐있게 디자인.

러프한 웨이브컬 감을 내기위해 왁스로 구겨주듯

손질한 펑크한 느낌의 베이비펌 스타일.

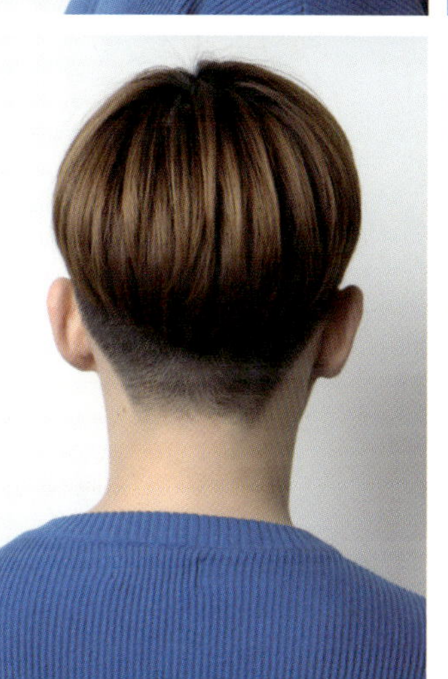

Men's Style

밀크브라운

붉은기가 없으면서
살짝의 옐로우매트 느낌이 나는
밝은 명도의 브라운으로
부드러워 보이면서
화사해 보이는 컬러를 댄디한
컷트 형태에 더하다.

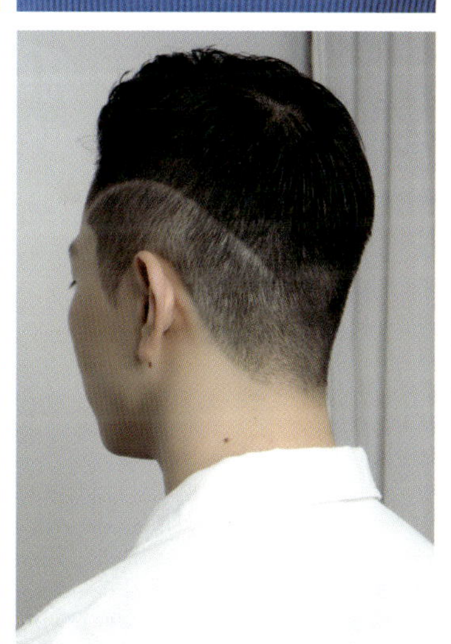

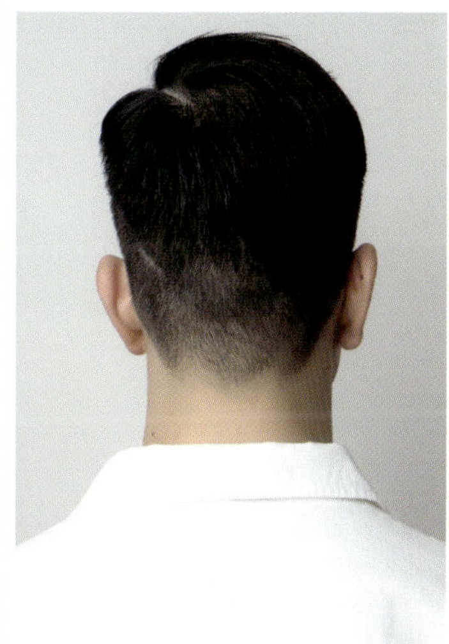

Men's Style

바버스타일

깔끔함과 도시적인
오리지널 바버스타일.
클립퍼로 포인트 라인 스크레치를
더해 카리스마 있고
깔끔한 스타일에 개성을
더한 스타일.

Men's Style

소프트모히칸

짧고 피트한 깔끔한 스타일의 소프트 모히칸.

서서히 길어지는 기장감으로 윗부분의 볼륨을 강조할 수 있는 스타일.

Men's Style

심플 쇼트 댄디컷

백은 투블럭라인 없이,
사이드는 약간의 단차로
투블럭을 컷팅
디자인하여, 깔끔하면서도
숏트한 댄디이미지 연출.
다운펌으로 피트함을 더하면
더욱 멋스럽다.

Men's Style

히피 웨이브

동글동글한 웨이브 느낌이 아닌
끝이 뻗치는 스핀스왈로펌으로
러프한 컬감 표현.
개성 있고 러프한 남자 히피펌
스타일.

Men's Style

쉐도우볼륨펌 & 다운펌

과하지 않은 웨이브로 세련됨과 멋스러움을 주는 펌 스타일.
자연스럽게 연결되어 보이는 기장감으로 내추럴과
안정감을 더했다.

Men's Style

애쉬 브라운

심심한 듯 무난하지 않고 어린 듯 어려보이지 않은 느낌의 이미지 헤어.
피부톤을 화사하게 만들어주는 부드러운 컬러.
라이트한 브라운 베이스에 채도 강한 애쉬로 컬러감을 더한다.

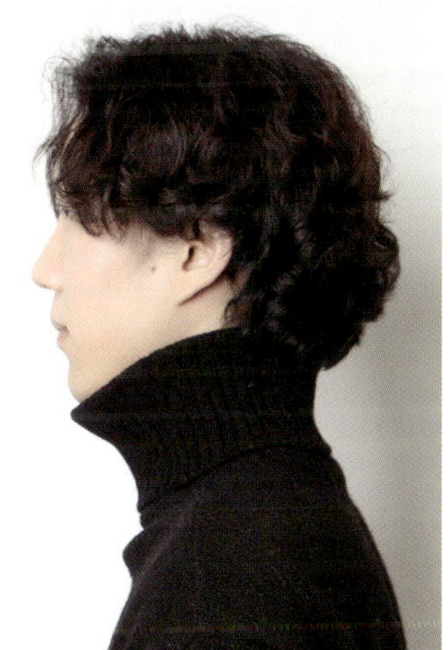

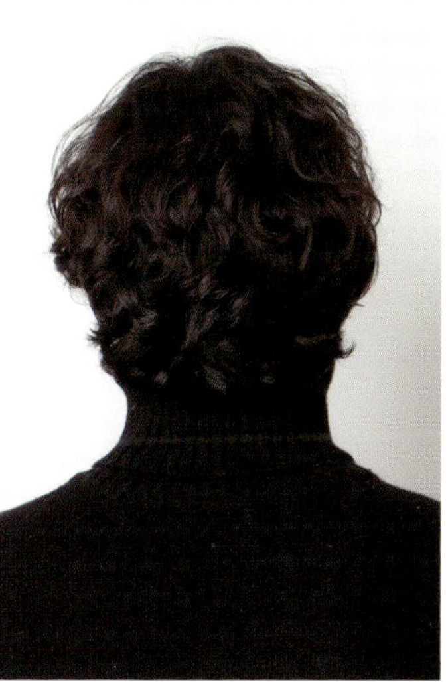

Men's Style

러프 웨이브 디자인펌

남들과 다르게 , 개성 있는 디자인 라인과 컬감으로 개성표현.
무관심하게 러프한 느낌의 헤어가 스타일을 더해낸다.
전체적으로 웨이브를 넣어 네추럴한 스타일 연출

My Hair Style 7

Children Style style

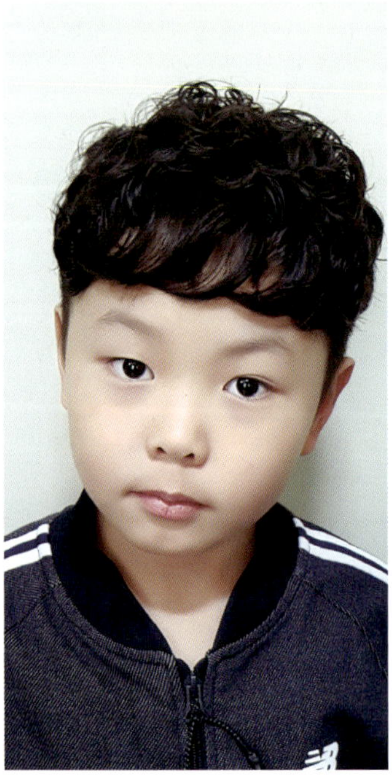

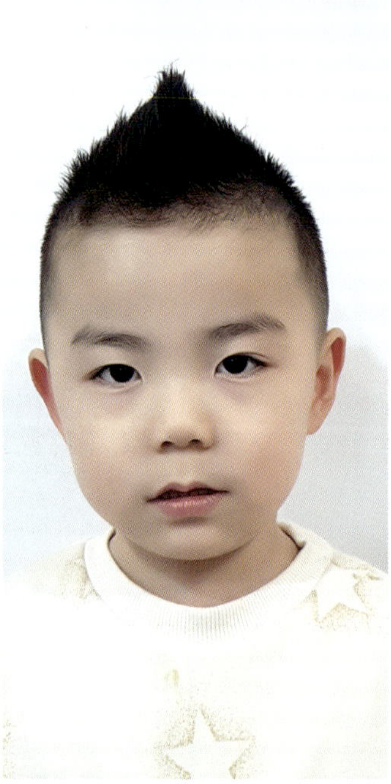

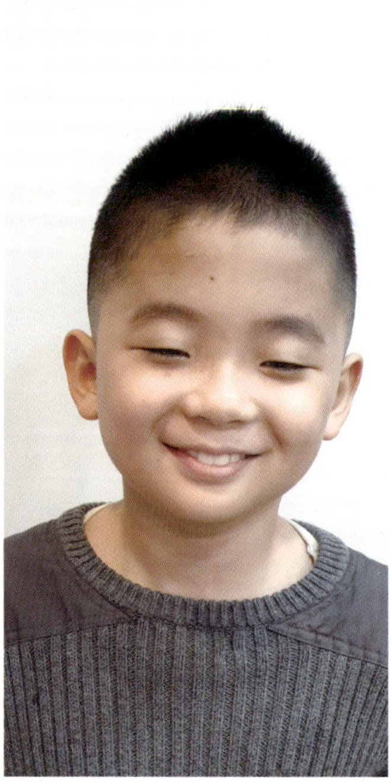

Start 172 ~ Close 179

MCMXCIV

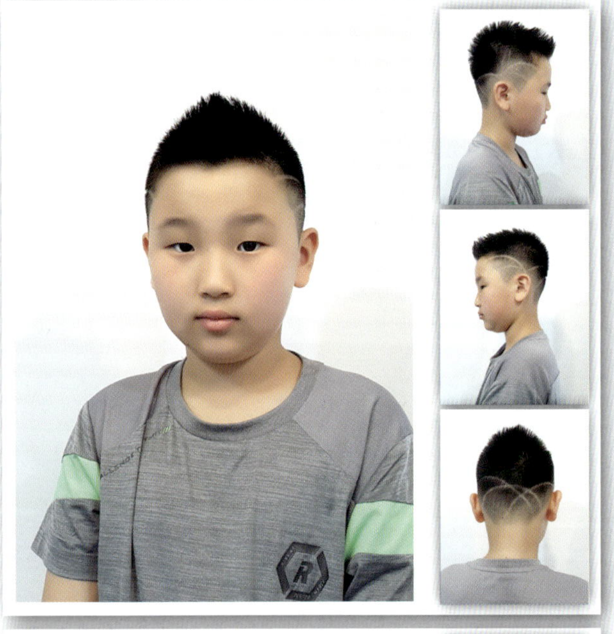

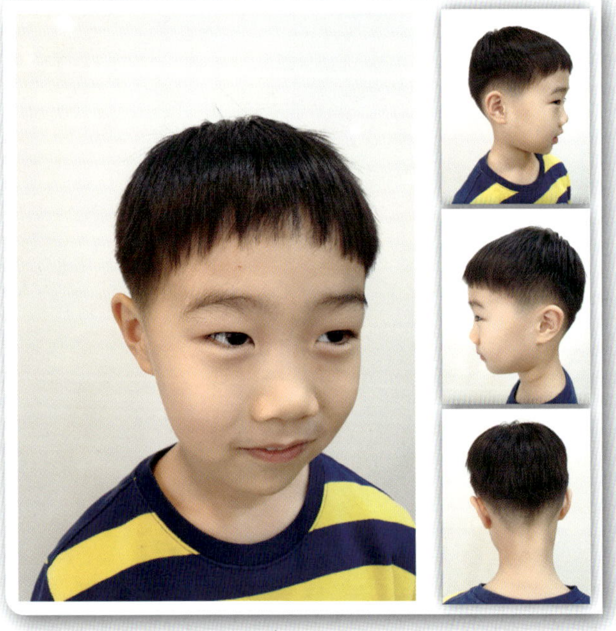

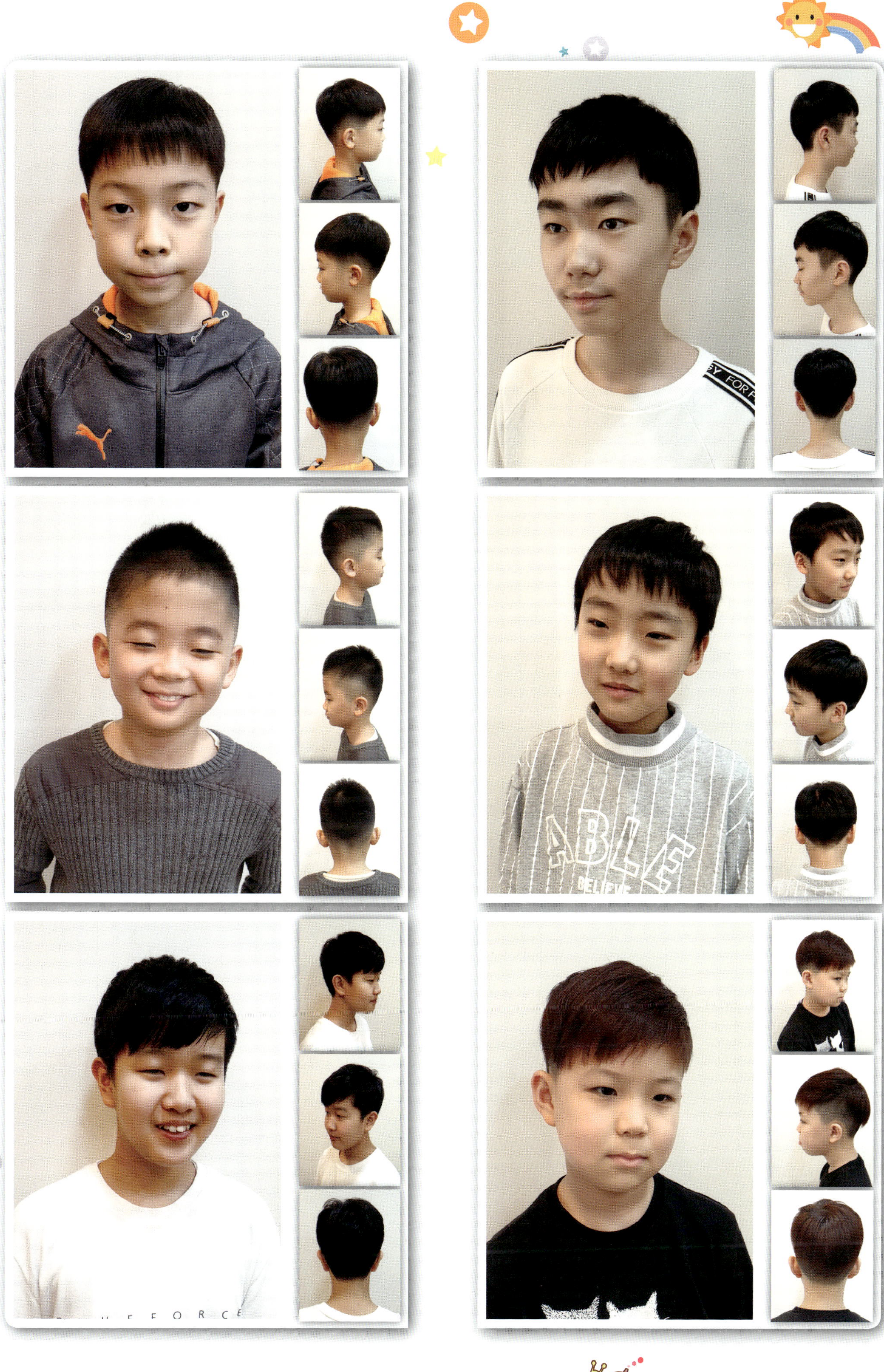

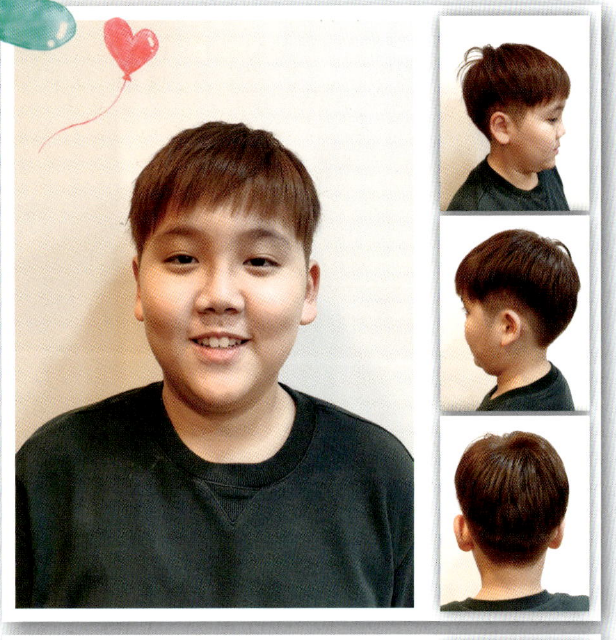

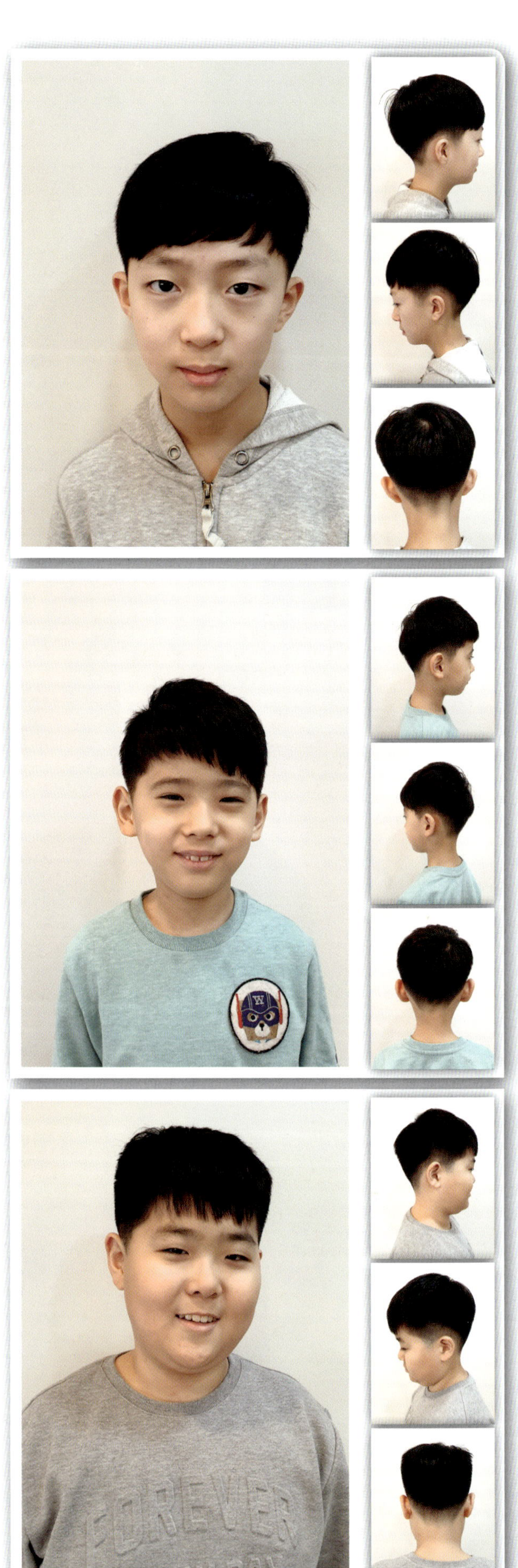
FOREVER

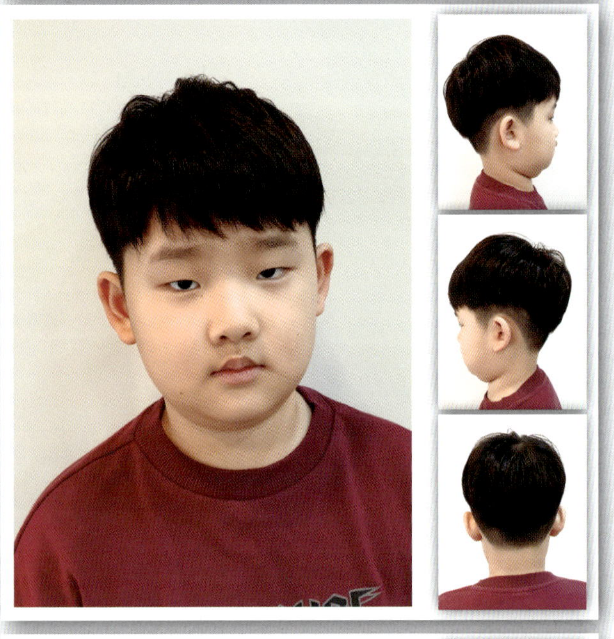

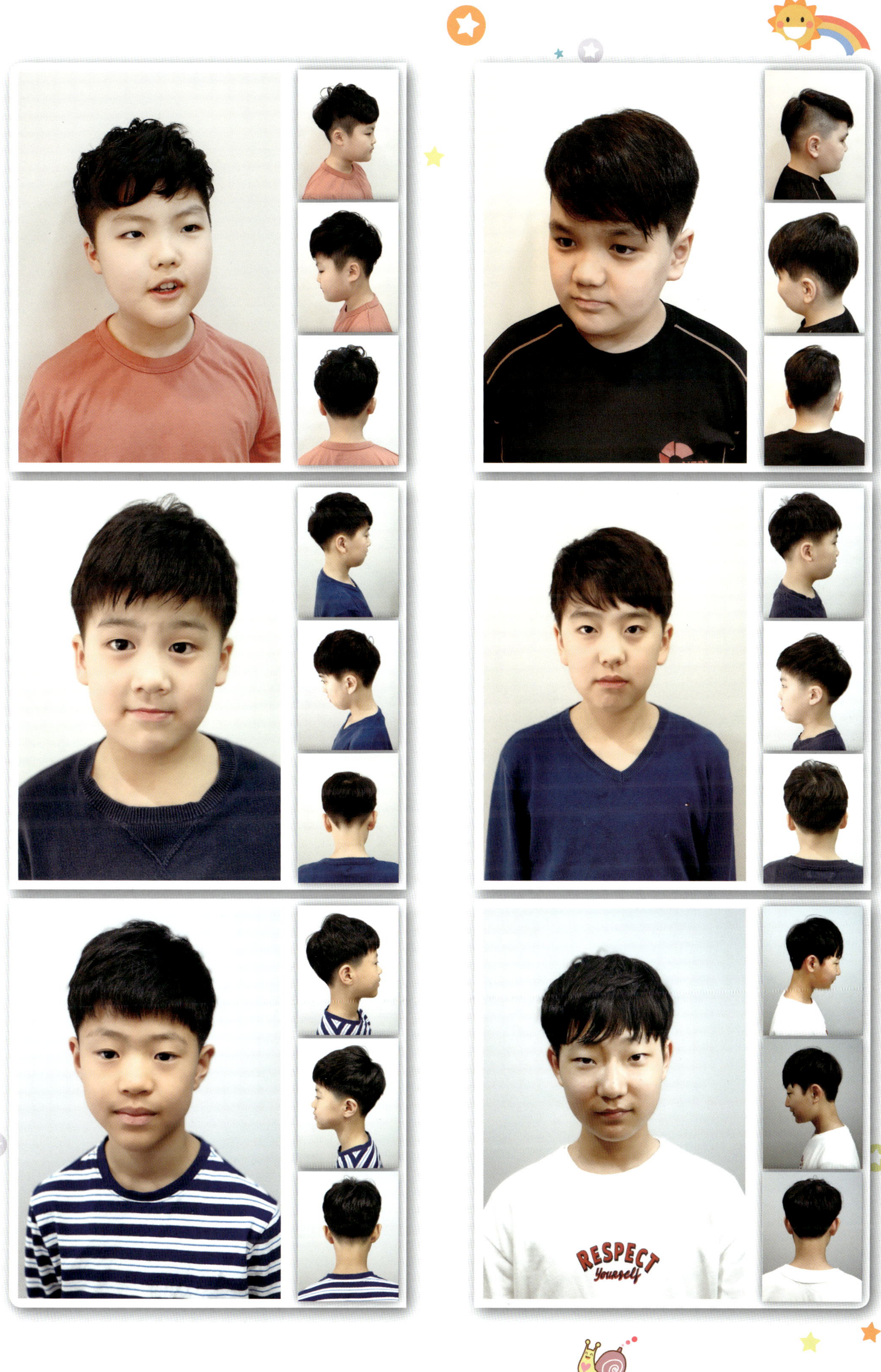
RESPECT
Yourself

Wedding & Semi
Parents Up Style

Parents
Up Style

Parents
Up Style

YANGLEE PROFESSIONAL HAIR

Assistant Shop

New Special Catalogue 419

My Hair Style 7

초판 1쇄 : 2019. 6.6
1판 3쇄 : 2025. 7.30
펴낸이 : 정환수
펴낸곳 : 드림북매니아
편집 : 원순식, 이운영(더원기획)
저자 : 양리
등록 : 제 321-2008-00066
주소 : 서울시 송파구 12-5 미성빌딩
총판 : 드림북매니아 (02-512-8776 / 010-4212-3232)
전자우편 : dabin612@naver.com
일본서적 안내 : http://cafe.daum.net/dream-book
No.1 미용인 플랫폼 미용커플 앱을 다운로드
업스타일 사진 출처 : 그라피와 벨뷰티 아카데미
ISBN : 979-11-88104-07-9
정가 : 48,000원